不慌不忙的坚强

张爱玲的女人哲学

王宇 ／ 著

中国华侨出版社

北京

前言

张爱玲对人生、对女性都有独到的见解，她能不动声色地写出人生最深处的秘密，她擅长写女性故事，因为她懂得女人的内心，了解她们的愿望和追求。她写了许多关于女性的故事，在这些故事中，她将一个又一个真理揭示出来，探讨女人如何才能获得更美好的人生。阅读张爱玲的女人会变得更聪慧，会学到更多的方法面对人生的挫折。张爱玲曾说："笑全世界便与你同笑，哭你便独自哭。"女人与这个世界的斗争是残酷的，女人需要更大的智慧和勇气，去争取渴望的生活。

每个女人都追求一份幸福、安定的生活，她们需要处理各种各样的人际关系，需要面对生存的压力，她们需要亲情、友情和爱情，她们需要美丽、智慧和修养，女人需要的很多，但怎样才可以将自己希望的一切握在手中呢？

最好的女人是会生活的女人。大多数女人在生活中偏重感情部分，认为感情是生活的全部或者大部分。当然，感情是生命的支撑，但女人也要明白生活还需要理性。与人相处中，理智是同样重要的，理智是生活能力的一半，而且感情和理性并不冲突，相反较强的理性只会促进和加深感情。

女人要享受每天的生活，不是金钱的享受，而是要保持精神的愉悦，将生活的方方面面都处理得好好的，无论在什么情况下都能把生活变得向上和美好。

　　女人首先要懂得自我管理，能管理好自己的人才能更好地影响和爱护他人。要管理自己的健康、心态情绪、个人习惯、衣着打扮等方面。要让自己保持积极乐观的心态，关注心灵的成长，学着更好地了解自己，不断地自省修正，注重个人形象。

　　女人都要有自己的家庭，懂得持家的女人才能幸福。婚姻是女人生活中最重要的部分，家庭里感情需要维护，生活需要经营。归根到底，女人的一切奋斗都是为了家庭。但是女人要有自己的生活，要保持经济上的独立，懂得理财，知道节约，更要有自己的爱好和追求。女人也要为自己而活，这样才能活得真实而精彩！

　　无论在何种困境，张爱玲都能勇敢地面对，她的独立、坚强和智慧值得每一个女人欣赏。本书以张爱玲的生活为引子，讲述女人世界的经营之道，阅读本书，你会获得很多启示，让生活更加美好。

目录

CONTENTS

才情，

女人一辈子的底气

caiqing,

nürenyibeizidediqi

"书中自有黄金屋""书中自有颜如玉"，这两句曾鼓励中国一代代男子奋发图强的诗句，如今同样适用于女性。张爱玲一生爱书、写书，书让她有了独立的思想，生存的技能。如今上学读书，已成为每个人生活的一部分，有时，学业的成功与否直接关系着人生的走向。

caiqing,
nürenyibeizidediqi

知识，女人美丽的源泉

张爱玲是我国一位著名的女作家，是一位生活在旧中国的知识女性。她深切地关注着当时知识女性的生存状况，她的作品中也经常会塑造年轻的知识女性形象，从而反映出当时知识女性艰难的现实生活以及艰辛的感情历程，在作品中不断地指导着人们去思索生活幸福的道路。

张爱玲说知识带给她无穷无尽的力量，女人是非常需要知识来丰富自己的。"知识"可以说是一架梯子，因为有了知识，我们的人生就会开通一条又宽又广的道路，就是知识带给我们信心，并带给我们无穷无尽的力量。

在如今的现实生活当中，一个没有知识，没有读过书或读了书知识面却很窄的人，每当要他们去完成一件事或是一项任务的时候，也许他们就不会勇敢地去做，去面对。有人问他们为什么的时候，不少人都会回答道："我们没有知识，不知道怎么做是好的；也没有胆力，因为我们从来没有经历过。"从这个例子中，应该能够明确地看出知识就是力量。

到现在为止知识都是我们最坚固的梯子，一旦我们离开了知识，生活也就变得不再光明灿烂，我们就要在一个黑暗的社会里生活。唯有知识是我们生活的力量，也是当下所有青年朋友前进的最大能量。

知识是一切能力中最强的一种，是人生旅途中的资粮。所以说，只有我们有了更多的知识，这样无论遇到多可怕或是多艰难的事情，才会有力量去战胜一切艰难险阻，才会有向前走的勇气。

所以，就在如今的世界里，我们非常需要提高认识，不断地学习更多的科学文化知识。一生中最珍贵的东西就是知识了，一旦失去了知识，活在这个世上就不会有什么意义了，如果获得了知识，不管走到了哪里，做什么事都会具有很好的信心，就会充满力量，去完成并且做得更好。

培根说过："知识就是力量。"这是一句很有能量的话，就好像是一只有力的铁拳，冲击着那些无知者的心灵，让世人对知识有了更深刻的理解。

知识，就好像是茫茫大海之上的孤岛点起的长明灯，让身在黑暗之中的人可以获得光明和力量。霍金身患疾病，无法动弹，然而他并没有害怕困难，用知识的力量点亮了自己的人生，从绝望了的生活中走出了一条五彩之路；爱迪生出身低微，生活也很贫困，他的老师和父母都说他是个笨蛋，然而他并没有放弃自己的追求，用知识的力量证明了自己；海伦·凯勒在很小的时候就患病，两耳失聪，双目失明，她的人生已经走到了最低谷，可是她并没有放弃学习，最终用知识的力量证明了自己的坚持。这些勇敢的人在最初的时候都不被人看好，他们都经历了各种各样无法想象的磨难，但是他们最后却获得了完美的成功。这些成功都源于他们的知识，他们凭借着知识的力量，让世人认识了他们的智慧。

知识的力量非常的伟大，因为知识，所以才有了"晴空一鹤排云上，便引诗情到碧霄"这样的文学境界；因为知识，所以才有了艺术宝库中的颗颗珍珠；因为知识，所以这个本是一片荒芜的世界才变成异彩缤纷的画卷！

我们要靠自己去生存，靠知识去改变命运。张爱玲离开自己的父亲逃到母亲那里的时候，母亲就给出两条路让她选择："要么嫁人，用钱打扮自己；要么用钱来读书。"张爱玲当时毅然决然地选择了后者，事实证明，张爱玲选择的这条路是正确的。爱情与金钱或许都会失去，只有拥有的知识永远都是属于自己的，而拥有了知识，就能够靠着自己的力量生存，所以说知识是可以改变命运的。知识拓展了张爱玲的视野，在当时的封建社会里，有不少女子都是依附着男人生活的，在男人三妻四妾中委曲求全，而张爱玲却可以洒脱地选择离婚。

如今，有的女大学生又面临着与张爱玲同样的选择，并走向了她的对立面——"书读得好不如嫁得好"。这就如张爱玲所说，"我喜欢钱，因为我没吃过钱的苦，不知道钱的坏处，只知道钱的好处"，要是知道了钱所带来的痛苦，那么人生的苦就体会到了。但是靠出卖人生从而获得的金钱与婚姻，真的会让自己幸福吗？女人一定要懂得独立，不只是生存上的独立，在思想上也要独立，别做男人世界里的寄生虫；再美丽的花瓶也不过只是点缀，再华美的锦袍，也会爬满了虱子。

首先探讨人与知识的关系。所谓"知识就是力量"，也就是说知识并不是虚无缥缈的，知识是需要附着在人身上的，只有这样才能发挥出能力。就是说，有了知识的人就是拥有力量的人。从有人类历史以来，人与知识的关系没有特别大的变化，知识本身从少到多逐渐地积累，一直到如今知识爆炸性地增长，人与知识的关系在根本上是没有什么变化的。这种关系大概可以分为三个层次：第一个层次，就是人需要得到、吸收知识，因此一定需要有一个媒介、一个来源能够让人得到知识。第二个层次就是，人需要对得到的知识有理解、分析的能力。这一点的个体差异是非常大的。有的人对知识的理解以及分析的能力非常强，有的人就会相对弱一些。第三个层次也是最重要的一个层次，就是将不同的知识加以综合应用，做一些为社会增加价值的事情。知识本身虽然是死的，要是知识没有被人所吸收、理解，也没有被灵活地应用做一些有价值的事情，这样知识本身就没有什么意义了。任何一个人与知识的关系大致都是这样的，都有个从吸收到理解最后加以综合应用的过程。从古至今，人们对知识吸取的能力可以说都是有限的，知识本身可能增加了很多，可是当人吸取知识的能力到了一定的程度之后，再要吸取、理解更多的知识，从古到今的极限是没有太大差别的。如果人吸收、理解、综合应用知识的能力可以随着知识突飞猛进，就会非常了不得，这样我们每个人都可能会成为诸多行业的专家。所以，随着外界环境的不断变化，人与知识的关系也在发生着一些微妙的转变，在信息产业高速发展所造成的知识爆炸的当今时代，怎么样才可以找到真正对我们有用的知识反而变成了一个很困难的事情。

在我国宋代初年，也就是儒家思想实行了一千多年的时候，赵匡胤的宰相赵普说过一句非常有名的话，"半部论语治天下"，意思就是说，如果我们可以把半部论语融会贯通，就有足够的能力去治理天下了，这句话就是当时对"知识就是力量"最好的一种注解。

再来看看近代历史。欧洲、美国包括日本，这些近代相继崛起的国家，在工业革命后通过各种不同的方法，让自己的国家在相对较短的时间内变得更强大。这些国家发展的过程大多都跟知识有关，并且联系紧密。最早的葡萄牙、西班牙等国家的强盛就与航海知识有很大关系。因为他们对地球有了更多的了解，并利用这些知识做生意，最后获得了巨大利润，国家也就因此在相对较短的时间里变得强大。英国则是通过工业革命，制造机器取代人工，甚至让机器做很多以前人力没有办法做到的事，这样一来，生产力以及社会进步就会非常的快。直到今天，只要谈到工业或是科学技术，英文就会出现"Knowhow"这个单词，意思就是专业知识。讲到比较先进的国家或是企业的时候，就会说它有一些专业知识是别人所没有的，所以它的东西就比别人的好。因此一个人是需要知识来提高自己的，女人的魅力都在知识中体现出来。

会思考的女人才美丽

张爱玲曾说过，"以美好的身体取悦于人，是世界上最古老的职业，也是极普遍的妇女职业，为了谋生而结婚的女人全可以归在这一项下。这也无庸讳言——有美的身体，以身体悦人；有美的思想，以思想悦人，其实也没有多大分别。"如今，拥有知识并懂得思考才可以更好地生活，才可以让女人更美丽。

以前人们会认为女人是非常美丽的一种动物，上帝创造她们的原因就是为了弥补这个世界的不足，就是为了弥补男人的粗犷与理智。其实，社会上存在着另一类做事会思考的女人——她们智商通常会比较高，她们不会盲目地做一件事情，做每一件事都要从头到尾理出头绪。她们不只会考虑自己，还会考虑别人，可以说是面面俱到，她们给这个世界上的女人们挣足了面子。

作为女人，可以不绘画、不写诗、不看电视，可是不能不看书、不思考。看书、思考能够让女人拥有丰富的精神世界，可以在生活乏味、缺少期望的时候让自己充满激情。

实际上女人都是非常感性的，思考问题的时候很少用逻辑进行判断，一般都是凭着感觉去做的，千万不要怀疑女人的感觉，她甚至比男人的判断更加准确，这是女人思考的一大特点。

爱情方面，大家通常会说懂得思考的女人会想办法让自己富有起来或者嫁给一个将来会有前途的男人。不少成功的男人，他们的老婆长相都不是非常的漂亮，可是她们的聪慧弥补了她们的天生劣势，成为男人的贤内助，让她的美丽不再因为年龄的流逝而消失，反而还会升值。让男人不会因为容颜的衰老就将她冷落掉，因为她的智慧已经为她赢得了终身的爱情。

成熟的女人往往是懂得思考的女人，她们无论对待什么事物都会非常的理智。聪明的女人会让自己学会思考，会让自己的爱情在受伤之前就微笑地转身离去。聪明的女人喜欢思考，不会让自己爱上一个不正确的男人。而感性的女人却不懂得思考，让自己就这样陷入错误的爱情当中去，承受一些原本不应该有的痛苦，可这又是必需的过程，伤过心、流过泪以后，她们就会慢慢地学会思考、懂得理智地面对问题了。

然而心智不成熟的女人，也是不懂得思考的，她们的思想或许仍停留在那个纯真的孩童阶段，可是也不能说她们就不会幸福，有时，傻女人是更容易满足的，这样就会更容易得到自己的幸福。她们做事情没有太多的负担，完全就是随着自己的性子，这样的女人勇于冒险，但是可能会受伤，也可能会得到别人永远也不可能得到的东西，不管是什么样的结局对她们来说都是十分宝贵的经历。只有受过伤，才会变得更加坚强，才会学会思考，才会成熟和长大。

懂得思考的女人，一般都是有过经历的女人，她们的眉宇间也许会有淡淡的忧虑，不要认为她们不曾疯狂过，那只不过是暴风雨过后的平静；会思考的女人，内心会有一种不安分的因子，就是这种因子会让男人既爱又怕，但却因此更加欣赏她们。

思考，可以为女人赢得更多的机会；思考，可以为女人赢得想要的幸福；思考，更能为女人赢得成功。懂得思考的女人永远不会让自己陷入被动的泥潭当中，这样的女人不管对人还是对事，都会经过自己详细的分析与判断，别人的游说是不会影响到她们的决定的，所以说她们是快乐的。

聪明本来就是用来装傻的——思考该思考的，千万不要庸人自扰。女人们也不用大事小事都慎重地进行思考，因为这样很容易陷入思考的深渊而变得更加辛苦。其实有时，糊涂一点也未尝不是一件好事，只要自己内心明白就好了，有些事不必太较真。

张爱玲认为，女人就算是有千般的不是，在女人的精神里面一直有一点"地母"的根芽。可爱的女人实在是真的可爱。在某种范围内，可爱的人品还有风韵是能够后天培养出来的，在世界上，各国不同的淑女教育全是以此为目标的，虽然总是会歪曲了原意，也还是可以原谅的。女人让别人高兴的方法非常多。只有看中身体的人，才失去更多的生活情趣。

作为人，我们最高明、最宝贵的地方就是我们有脑子，我们会思考。如果不去思考，很大程度上我们的生活状态都是混沌的，这就会使我们与动物无异。从这个角度来说，帕斯卡尔才将人称为"会思维的芦苇"。上帝赋予我们太多的能力，我们应该充分利用，让自己的脑子变得更加灵活，让我们的生活变得更加精彩，让我们的人生更加美丽。

不同的人思考的问题可能是不一样的，可是只要是思考，自己的生活就会充满更多的意义。有些永恒的问题是我们都需要思考的，就如生死或是大地天空。这个时候，我们把自己的精神力量都放在这些问题上，我们就会从新的角度、新的高度认识自己。而这正是我们人生中非常重要的一项任务，只有正确认识自己的人才可以让自己的人生放射光芒。

人生必备的一种能力就是思考，思考是让人成长成熟的重要动力，思考让我们的人生充满色彩，让我们感受美丽的世界。

张爱玲认为会思考的女人就应该懂得在适当的时候放手。

在张爱玲的生命中有两段感情，对胡兰成如是，对赖雅亦如是，一旦爱了就毅然决然，爱得倾尽所有，爱得惊世骇俗，爱得超凡脱俗，最后同样爱得悲凉好个秋。

然而，一个对爱情如此执着的女子，一旦看清了对方的真实面目，就会斩钉截铁地放手，义无反顾。张爱玲对爱情可以说是拼了命地付出，从来都没有计较过得失，痴情女子负心郎充分地表述了张爱玲与胡兰成的爱情，胡兰成就算是在逃亡的路上也不会忘记拈花惹草。当张爱玲知道小周的时候，已然深深地被刺痛，之后却又出现了范秀美，张爱玲就从这场自认为天长地久的爱情中苏醒了过来，她不是胡兰成的第一个女人，也绝不会是他最后一个女人。她这一生最美的爱情，已经走到了辛酸的尽头，再也没有什么挽回的余地了。

张爱玲选择在他一切都安定了的时候，给他写诀别信，随信还附上了自己 30 万元的稿费。从那以后，这一场传奇的恋情，就这样辛酸地谢幕了。胡兰成曾写信给张爱玲的好友炎樱，想要尝试着挽回这段感情，可是张爱玲并没有再给他机会，炎樱也没有理他。张爱玲曾对胡兰成说："我将只是萎谢了。"萎谢的不只是爱情吧，应该还有她的文采，在这以后张爱玲的创作一下子就进入了低谷。

之后张爱玲移居美国，她曾写信向胡兰成借书，而胡兰成以为旧情可以复燃，大喜过望，立即按地址回了信，还附上了新书与照片。在《今生今世》上卷出版的时候，他就又寄书过去，并写长信，为缠绵之语。张爱玲后来回了一封很客气的信彻底断了胡兰成的痴望。从这以后，这段爱情是真的谢幕了。

　　人生不过数十载，除掉生老病伤还有几个春秋？人生没有一个特定的含义，所以我们也不必绞尽脑汁地用过多的语言去诠释，人生，是值得我们去思考的。

　　在心中要留些思考，思考会让你的生命更美丽。当你被人误解，你应该去思考，是自己哪里做错了还是哪里做得还不够好？多一些思考，少一些责备；多一些思考，少一些憎恨。没有任何人天生就是完美的，也许只是他人对你只有一些片面的了解才会曲解你本来的生活，这时不要去怪他们，要在心中留一些爱，有事了就要先从自己身上找问题。想要看别人家的窗户干不干净，就一定要先把自己家的窗户擦干净才行。面对流言蜚语你要学会坦然应对，生活中的人或事，见多了自然也就不会觉得奇怪了。要是你没有做错什么，并且你尽了力，用了心，这样就可以选择做自己！因为你有足够的理由说："我就是我！"不必理会那些莫名虚有的东西，只要自己了解就好。

　　在心中留一些思考，这样你的生活就会更加灿烂。随着你慢慢地长大，无数的余晖、静谧的黄昏就会使你对生活有更多的期盼。或许是因为纯洁而简单的思想，使得自己看到了世间的丑陋。然而你应该要拥有更多的思考，这样忧愁就会少一些。多一些积极向上就会少一些愤世嫉俗。昼夜更换着，每天都有同一个太阳东升西落，面对同一片蓝天，夜晚来临，那还是昨日的那个月亮吗？花开花落，或许昨天的辉煌会使你没有办法适应今日的失落，你真的就这样失败了，心痛吗？失望吗？强忍泪水又真的会快乐吗？去一个没人的地方放纵自己一次，痛痛快快地哭一场吧！做一个敢爱敢恨的人……抚痛之后你就应该好好想想，究竟是因为什么失败？是因为自己什么地方做得不好吗？这值得反思！人生要想走向成功就一定要不断地反思，逐渐走向自己的理想之路。

　　在心中留些思考，慢慢地品味这美好的青春，品尝这香醇的生活，在思考中，你会发现，思考带给你的力量！

学习才能永葆青春

张爱玲由于家庭不幸，于是将所有的情感都投入到了学习和写作当中，她没有放弃过一次学习的机会。

张爱玲曾在《天才梦》中这样写道："生命是一袭华美的袍，爬满了虱子！"这话是在 1939 年的时候写的，那个时候张爱玲只有十九岁。可是世事就是这么奥妙，十九岁时写下的这句话，就仿佛张爱玲一生的写照：华美是让别人看的，而自己所感受的不堪只有深藏，人生就算满是不堪和龌龊，都需要一直走下去。在动荡中逐渐成长起来的这位奇女子，就好像是一朵娇艳的花，在一片不堪的土壤里错误地盛开，她沉醉过，也叹息过，最后只落了个"零落成泥碾作尘，只有香如故"。她留给后世解读的太多，她本身就好像是一本书。

在旧中国，不少公民都失去了学习的机会，然而之后随着历史的发展，每个公民又重新获得了学习的机会，学习的机会是来之不易的，这就需要我们懂得珍惜。国家在经济并不发达的情况下大力投入，保障了公民的受教育权利，家长的辛勤劳动保障了孩子们的受教育机会，因此，如果是一名学生，就一定要考虑到自己的发展，也是为了国家的富强、社会的进步，一定要珍惜受教育的机会，履行受教育义务。

人的一生，漫长也短暂。在自我感觉矛盾的时间里，我们可以遇到很多自我学习的机会。从呱呱坠地开始，我们就已经开始牙牙学语。在校园里，我们从最简单的识字、写字开始学习，然后再到加减乘除、古文诗词、自然科学等多种知识的学习；进入社会，我们需要学习为人处事、交际方法等。可以说人的一生，是在不断的学习中度过的。

如今，社会快速进步，网络发展也非常迅猛，科技水平不断地提高，我们更应该不断地学习，去增强适应社会的本领。

有句俗话这样说：学习就是动力。长时间不学习，就会变得迷茫，甚至会找不到方向。通过学习，经过授课老师的激励鼓舞，就可以更进一步坚定自己的方向与信念，找准生活的重点，找到学习中的乐趣。不管是授课专家、授课内容，都需要经过周密的思考，这样才可以传达给人们正确的知识。

常言道："刀不磨要生锈，人不学要落后。"增长才干、提高能力的唯一途径就是学习。就算我们面对繁重的工作、紧张的生活，也不要轻易放弃学习。原因就是，我们做任何事情都是离不开学习的。

在张爱玲的身上，也许会学到一种最高贵的"复仇"——宽容。

外界虽然对于"张胡恋"议论纷纷，可是张爱玲却一直都保持着沉默，并没有对这场恋情有过只言片语，对于这段感情，我们也只有在胡兰成的《今生今世》里面稍微了解了一点。女人不应在一段感情过去以后，大说彼此间的是非，大骂对方的不是。与之相应的一种鲜明的对比！爱一个人应该是这样的：在付出的同时，同样也应该得到了快乐；每次回忆，对自己的选择不应过多怨恨。而若怨恨，亦同样是束缚了自己，让自己无时无刻不生活在痛苦的怨恨中，放过了别人同样也就是饶恕了自己。

也许在张爱玲的心中，一直都没有怪罪过胡兰成，因此才在胡兰成最后一次吻她的时候就只是唤了一句："兰成……"就哽咽地再也说不出话来。她在一封信中对胡兰成说："我想过，你将来就是在我这里来来去去亦可以。"或许她在乎的只是胡兰成当下对她的爱，其他的，她都不愿多想。

张爱玲给胡兰成的30万稿费，我们并不知道其中的隐情，但这有悖常理"惩罚"的方式，我们姑且解读为最高贵的"复仇"，世人对晚年胡兰成依靠张爱玲的稿费救济生活，早就有了很多非议，就算是《今生今世》能够热卖，也都是凭借张爱玲——书中有写他与张爱玲的故事。

绝世奇女子张爱玲，就是用这样的方式"复仇"，这的确会令人感动，不知这样的宽容，对胡兰成是一种怎样的心灵惩罚？或许胡兰成独自仰望苍穹的时候会觉得悲哀，能得到张爱玲的爱应该是他一生的骄傲，可是这种高贵的惩罚，也可能灼痛到这个男人虚伪的自尊，成为抱愧人生中永远的刺。

总的来说，无论在哪里都不要放弃学习的心态，因为也许你就会在下一秒的时候学到一些保护自己，爱护自己的知识。

智慧是女人内在的力量

在张爱玲的笔下出现了不少拥有智慧的女人，作为女人没有什么比智慧更重要的了。

女人，是需要智慧的。有智慧的女人会使人眼前一亮。而一个空有漂亮外貌的女人是经不起岁月打磨的，因为她的外在光泽会随着时间的推移而褪去，而有智慧的女人就像钻石一样闪烁着光芒，时间越久就越能看到光彩。

女人不一定要长相好，但是智慧是不能缺少的，只有智慧才可以弥补任何不足的地方。女人的智慧，可以让自己魅力四射，让自己成为这个世界上最美丽的风景；女人的智慧，能够给自己带来快乐的心境，豁达的襟怀；女人的智慧，能够使刚强的男人为之折服；女人的智慧，能够给家庭带来更多的温馨，让老公永远疼爱自己。因此，虽说女人在身体上是弱者，但是在精神上很有可能会成为强者。智慧的女人是最美丽动人的，是无价之宝，世界也因为她们而更加美好。

智慧的女人之所以智慧，表现在生活的各个方面。那么，怎样做才能够成为智慧的女人呢？

第一，女人需要把自己变成美丽的白天鹅，要从骨子里散发自己的美丽。一个女人可以没有漂亮的外表，可是气质、教养、品味却可以为她赢得更多的魅力！女人特有的气质很大程度上都决定了她一生的幸福。智慧的女人就是最有魅力的女人，她们是优雅的并且没有任何的矫揉造作，独立而不孤立，自信却又不孤芳自赏，气质渗透了整个身心，永驻于他人心中！

第二，女人应该关心自己的健康，应该善待自己，应该爱惜自己。健康，是女人最大的财富，还是女人获得成功的一个资本。每个女人都应该会爱自己，自己的美丽也是需要经营的，要爱护自己的健康。

第三，女人要会修炼自己的人际关系，一旦你具有了良好的人际关系，女人就会拥抱成功。善于打造自己的交际圈并且能周旋自如就是智慧女人在为人处世中的一个重要特点，这样的女人不仅仅是自信的，也是充满魅力的。融洽的人际关系不只是可以在关键的时候助她们一臂之力，并且还可以给她们带来心理上的满足和幸福感！

第四，女人要拥有自己的事业，靠自己经济独立，获得人格上的独立。自古以来女人都特别重视感情生活，他们总是以为事业只有男人才会在意，这其实是女人最大的弱点。女人并不应该毫无价值地活着，也不应该陷入茫然无措的生活状态中，更不应该成为男人身上的藤蔓。如今的女性最珍贵的地方就是可以拥有自己独立的事业，它可以给我们以精神的寄托，与此同时又使我们经济独立、人格独立！

第五，女人要有自己幸福的家，将爱情和婚姻进行到底。每个女人都非常向往甜美幸福的爱情生活，都非常想要浪漫，可是往往又事与愿违，或许有不少女人要经历爱情的磨难。因此，女人在婚前就需要练就一副"火眼金睛"，看清婚前的问题，还有误区。实际上，只要你用心，幸福就可以降临在你的头上！在婚姻里面，夫妻相处一定要让彼此都有一个自由的空间，这样就会使你的两性生活更加完美。实际上，婚姻和谐的秘密并不深奥，只要你有一颗真心、爱心还有一颗谦逊的心就可以了。

总而言之，女人的智慧是幸福生活不可缺少的养分，女人的智慧可以让自己不会随着岁月的流逝而渐失光泽，反而会越发的芬芳四溢、耀眼迷人。拥有智慧的女人会非常清楚地知道自己需要什么以及不需要什么；她们充满了自信却又不自大，谦和而又不自卑，性格独立却不霸道；她们一心追求着自己美丽的前程，却没有忘记过自己的丈夫还有家庭；她们看上去总是精神焕发，昂首挺胸，神采奕奕，满怀希望地生活。她们用自己的智慧处理好生活中的任何一点事情，营造和谐幸福的生活！

张爱玲的睿智就在于她在平凡人的生活中发现了生活中的最真实的一面，将真实人生的矛盾与无奈都写了出来。我们可以从沉重的人生故事中看到做人的两难还有矛盾，一定要明白也必须要接受人生的悲剧，在悲剧中不断地思考人生，获取智慧。

人的感悟力是在经历中不断地积累的，而聪明的人却可以从别人的身上获得经验。张爱玲这样说过："因为懂得，所以慈悲。"她道出了慈悲与善良是要靠我们对人和对生活的理解的。"最可厌的人，如果你细加研究，结果总发现他不过是个可怜人。"就是这样大相径庭的思想让张爱玲处在难以挣脱的夹缝之中，父亲的暴力、母亲的逃离、弟弟的懦弱、继母的凶狠，就是这些人还有事，像恶魔一样将张爱玲本应青春张扬的生命给蚕食了，阴郁的童年造就了张爱玲性格上的沉静与冷漠，她身上总是时不时地流露出与年龄极不相称的悲哀与落寞，但是却又有抑制不住的才气，这吸引了众多人的眼球。要是没有对人生的理解，张爱玲就写不出众多平凡人的悲剧小说。

张爱玲的童年，可以说就是一座"有阳光的地方让人瞌睡，阴暗的地方有古墓的清凉"的深宅大院。在她三岁的时候就开始吟"商女不知亡国恨"，十岁读《红楼梦》。父母的不睦使张爱玲觉得，父爱与母爱虽近在咫尺却又是遥不可及的。童年的经历，成全了她的一身"俗骨"。青年时张爱玲去香港求学，从容旁观人们在战火硝烟中奔忙逃生，为金钱或其他相互倾轧，明争暗斗。她注视着这沉沦的时代。对于人来说她选择了宽容的远视，生活在她心中就是"一袭华美的袍，爬满了虱子"，她早就将虱子视为生活的真实成分。

"文学史上素朴地歌咏人生的安稳的作品很少，倒是强调人生的飞扬的作品多，但好的作品，还是在于它是以人生的安稳做底子来描写人生的飞扬的"。这个信念贯穿了张爱玲的作品与人生。她在作品中用了非常敏锐的目光和不避世俗的心态，以及怎么也摆脱不掉的失落孤独感，营造出了两个世界：体内的世界精致而又孤独，身外的世界则是浮滑并且冷漠。前者化作了散文，后者融入了小说。即使她的作品溢满辛酸的泪，当然是没有战争与血腥的。她将目光放在乱世中最基层的"饮食男女"主题上，写他们比革命战争更素朴恣意的爱，写他们并不过分的渴望幸福的生存之欲。她的作品并不壮烈，也不悲壮，而是苍凉的，是一种在现实残酷下生活依然继续的苍凉，还是一种启发性大于刺激性的苍凉。

第一，根性还有气质是一个作家应该有的本质，并决定着作家的作品

张爱玲的服饰可以说已经成为她艺术生命中的一部分，或者说就是一种创作的手段。那些触犯大众审美常规的服饰，已经被作为一种文化、一个象征，是她个性的生命之旗，是一扇展示她创造力的窗户。一个在衣服上都不敢说自己心里话的人，很难想象在他的作品里可以说出什么来。也就是因了这样率性而为的个性与真诚，她才可以在自己的作品中尽情地挥洒，收放自如。她让本性善良却又充满虚荣的女孩葛微龙穿上了"长齐膝盖的翠蓝竹布衫学生制服"首次在梁家大院粉墨登场（《沉香屑第一炉香》）；让出身小家碧玉的寡妇曹七巧穿上了"银红衫子，葱白线香滚，雪青闪蓝如意小脚裤子"（《金锁记》）；而那个美丽且薄命的女孩子川嫦则"终年穿着蓝布长衫"（《花凋》）。在读张爱玲的作品时总会惊叹于她对服饰有着超乎寻常的理解，"日本花布，一件就是一幅图画。买回家来，没交给裁缝之前我常常几次三番拿出来赏鉴：棕榈树的叶子半掩着缅甸的小庙，雨纷纷的，在红棕色的热带；初夏的池塘，水上结了一层绿膜。配着浮萍和断梗的紫的白的丁香，仿佛应当填入《哀

江南》的小令里；还有一件，题材是'雨中花'，白底子上，阴戚的紫色的大花，水滴滴的。"（《童言无忌》）其中的花布已经不只是一块花布了，其实是她任意驰骋的艺术天地。细节就会将小说的成功更好地突显出来。张爱玲在语言叙述能力上的天赋，使她在驾驭自己的文字时胸有成竹，得心应手。

就算是在三十年代闹哄哄的你方唱罢我登台的大上海，她还是处乱世而不惊，居险境而平和，她平和又通达，不趋炎附势，也不随波逐流，她永远在潮流的外面生活着，总是冷眼旁观着乱世人生，以她特有的冷静与淡定打量着一切喧嚣与纷争，繁华与落寞。用自己的方式介入到生活之中，这统统都折射于笔下人物的苦乐酸甜离合悲欢。就像她说的："好的作品，还是在于它是以人生的安稳做底子来描写人生的飞扬。"这就是她的文艺观，也是她的人生观。在她的作品中看不到什么咄咄逼人的地方，她的书可以让人平静地去读。在她的作品中，不难看出那些不可言说的落寞。

这个在精神与世俗中都俯仰自如的女人，最终被自己的才华刺伤在一张白纸上。她有一个十分寂寞的内心，她的梦幻与现实，虚妄与真实，交错杂糅成一种似晴欲雨的天色，人去楼空时分的怅然顿时而生，就留下了一堆意念的碎片。在血管中流淌着滚烫的血，而在神情上面却十分的安然恬静，就好像是一条封闭在琥珀中的远古鱼，默默地品味"绚烂之极归于平淡"的凄美与"热闹深邃处的荒凉"，确实也活出了一种境界。

"三十年前的月亮早已沉了下去，三十年前的人也死了，但是三十年前的故事还没完——完不了"，是的，这样的人和事是不管有几个三十年也无法掩映的。

第二，在尘埃中开花，与俗世幸福绝缘

张爱玲是遗世独立重情仗义的，她漠视政治而重视才华与情趣，与胡兰成的一段并不完美的婚姻，使得她自己背负了所有的责难；又因为

心灵的相通最后选择了长自己三十岁的美国剧作家赖雅。她是是非分明的人，当她的文章被另有目的地胡乱使用的时候，她就挺身而出公然登报声明予以澄清。她只想做一个纯粹以文字为生的女人，随意而洒脱地生活，做一个安适自在的人。

也许会有人说，张爱玲与胡兰成的相识是一篇俗套的言情小说的开头，千篇一律的男女把戏，不过是用了更加美丽动听的表达来粉饰贫乏单调的生活，让一些平凡的事情仿佛沾上了一点点的浪漫。活着就注定要同时接纳美丽与恶浊。渴望爱的临近，却恐惧于爱的迷惑力。清楚地认识爱的本质，却又悲哀于爱的流失过程。这就是一切女人的通病。女人的潜意识里等待着那个陌生又熟悉的人，而又畏惧于自我被卷入的狂热力量，所以本能地要去逃避爱的分量，惴惴于爱的降临。飞蛾扑火的热情与抽身独处的冷寂，都活跃在张爱玲甚至每个敏感的女人心里。

胡兰成，这个让张爱玲倾慕而又伤心的男子，有着才华学问，又有着锐利与机警。所以，理性的张爱玲就沦陷了，在给胡兰成回的第一封信中写道："因为懂得，所以慈悲。"刚读到这句话，也许我们心中会有一种说不出的酸楚和隐忍的忧伤。一个如此俯视人生的女子，就这样在千万人中遇见了风流成性的胡兰成。也变成"见了他，她变得很低很低，低到尘埃里，但她心里是欢喜的，从尘埃里开出花来"。张爱玲中了爱情的魔咒，聪慧的女子开始盲从，最高傲的女子将自己的矜持和尊严全都放下。"死生契阔，与子成说。执子之手，与子偕老。"这首悲哀的诗在张爱玲的爱情中，得到了最真实的人生注解，爱本身不存在什么对与错。胡兰成曾说张爱玲"是民国时代的临水照花人"，胡兰成也曾经给过她最热烈的爱情，将她的生命之火点燃，最终也给了她致命的伤害，使得她余生从此暗淡无光。离开胡兰成以后，"亦不致寻短见，亦不能再爱别人，我将只是萎谢了"。因此，也不再有慈悲。在尘埃里面的张爱玲，把自己的青春和爱情一同萎谢了，同时将自己那惊世的才华也萎谢了。天下男人"弱水三千，只取一瓢饮"的人又有几个呢！对于自己喜欢兼爱的男子是断然不能容忍的。因此最后张爱玲还是展现了她那最坚决而刚果的一面，了断了这段传奇爱情！然而幸福的真正价值有时也是它的短暂易逝。在离开了胡兰成之后，却依然在胡兰成急需帮助的时候，给予帮助。这样的"慈悲"也是一种爱的宽恕吧。在张爱玲《红玫瑰与白玫瑰》冷峻的文字里面，分明可以读到她的淡定和自嘲。终究还是因为爱，所以选择尊重对方，放弃也是慈悲，是爱。

一个女人需要智慧，无论一生如何，智慧终究是自己的，那是属于自己的财富，谁也拿不走。拥有智慧的女人，在遇事的时候总会懂得思考，智慧终会在你左右伴你成功。

做聪明女人，让人从内心喜欢你

张爱玲喜欢读书，她读的书也多，也因为太爱看书，所以读中学的时候，她就已经近视。因为有丰富的阅读量，从中学时期张爱玲就迷上了写作，在学校的《国光》刊物上，发表了小说《牛》《霸王别姬》《读书报告叁则》《若馨评》等一系列文章，还在《凤藻》上刊载了《论卡通画之前途》。她的父亲有个很大的书房，那个书房对于张爱玲来说就像个宝库，她时不时地会溜进去找本书看，像《红楼梦》《海上花列传》《醒世姻缘》《水浒传》《三国演义》《老残游记》《儒林外史》《官场现形记》，都是她爱不释手的书。在圣玛利亚女校学习的那几年，张爱玲最为钟情的是阅读《红楼梦》。她甚至用课余的时间，写过一部章回小说《摩登红楼梦》，书分上、下两册。这使得她的文学修养越来越高。

读书让张爱玲体验到不一样的生活，让她对人生有了不一样的认识。想做一个有智慧的女人，就要多读书，学习人生的道理。

《更衣记》是张爱玲的一篇美文，她文章的妙处在于能从身边的小事中写出历史的厚重之感，她的行文如流水，精彩华美，在语言的从容、俏丽中尽显机智和情趣。《更衣记》的语言充满了智慧。智慧是一种灵气，是一种自然而然流露的才气。它往往使平淡显得超俗，迟滞变得畅快，语言的灵气更给人柳暗花明的感觉，像写男人与女人对衣服的感觉，张爱玲就处理得非常机智。男人常常以"妻子如衣服"来贬斥女人，张爱玲并不正面辩难，只平静的一笔："多数女人选择丈夫远不及选择帽子一般的聚精会神，慎重考虑。"机灵的一击，令文章妙趣横生。我们在阅读张爱玲的作品时，总能感觉到她不一样的智慧，那是对人生的通透，对人情的通透。

张爱玲在文学上的智慧与她热爱读书分不开。她的智慧超越了亲身经历，正是书为她打开了一个更广阔的天地，于是智慧成为张爱玲的特别之处。

女人要多读书，增进智慧。书籍是女人永恒的情人，不弃不离，始终如一，它永远都在奉献，从不求回报。书籍是女人永远的护肤品，没有失效期，它不但能让女人保持年轻的心态，还能让女人更懂得生活的情调。对女人来说，世界上内外兼护的东西唯有书籍。书籍还是女人保持自己魅力的法宝，一个和时代同步的女人，肯定是一个爱读书的女人，她从里到外都散发着迷人的风采，让她受到更多人的喜爱。

女人的品味是从书香中培养出来的，在长期的读书中，女人会不断自我反思与完善。现在女人用来看的书已不仅仅是纸介质了，各种电子读物的出现为女人读书提供了极为便利的条件。一个女人若有"三日不读书面目可憎"的思想高度的话，那她的品味一定可以得到很大的提升。除了书香，女人的品味也是被各种艺术作品熏陶出来的。经典的艺术片、古典音乐、歌剧、舞剧、话剧、音乐会等不同门类的艺术品，都滋养女人的心灵，如果长期坚持，自然可以让女人有一个高雅的品味。

书能让人更清醒地认识这个世界。一个聪明的女人学习知识，可以变成一个有智慧的女人。一个聪明的女人继续学习知识，不间断地完善自己，她就变成了一个女性天才。而一个有才能的人无论从事哪一行，一定可以取得很大的成就。

我们生活在世上，需要许多人生的智慧。智慧是为了让我们更好地生活。所有的女人应当庆幸，上帝没有给我们想要的一切，当一个女人拥有了一切的时候，她就失去了感受幸福的能力。一个丧失了感受幸福能力的人，生活对她来说就没有了根本意义。每当我们对生活不满的时候，这可以是安慰我们的最好的理由。我们不能为了拥有更多，而失去原本珍惜的东西。

女人关心的事很多，但没有什么比一个女人关注自己的心灵更为重要的事情。只有内心快乐、安宁、平和，才能感受到生活的美好。只有内心充实和丰满，才能发现人生的乐趣，才能有奋斗的目标。关注心灵应当是女人一生中比关注容颜更为重要的事情。人都会老，女人会失去青春，而让青春不老，是每一个女人心中的梦想，但这终究是梦想。还有一个方法可以让女人享受到别样的青春，那就是让自己的心态年轻起来。

婚姻是女人人生的最重要的部分，用自己的智慧去获得男人的爱，是女人经营婚姻的一大法宝。男人需要女人，不需要一个只会干活的仆人，不需要一个唯命是从的奴隶，不需要一个只有漂亮脸蛋的女人，不需要一个什么都不会的无知的人，不需要一个只会发号施令的上司，不需要一个只会提供给他帮助的老妈。女人一定要了解男人的内心需求，全力打造自己多方面的能力，让自己的能力不是一种，而是很多种，成为让男人欣赏的女人。真正的好男人需要的是能和他进行思想沟通的人，思想、智力、能力等各方面都能和他相匹配的女人。这样的女人才能给他真正的幸福，让他的人生完整。

"不能吃免费的午餐"应当作为每一个女人告诫自己的座右铭。因为吃了免费的午餐，可能就要付出更大的代价。女人一定得很早就明白这个道理。很多女孩子在年轻、美丽时，不是把精力用在学习上，而是到处挥霍自己的青春，渴望有捷径可以走，这种幼稚做法的后果是，人到中年时候，才发现曾经做错了事，到时也只得自己承担。

女人会变老，美貌会不再，优雅地变老是女人需要用一生来学习的课程。尽管岁月给了你满脸的皱纹，却夺不走你眼中的睿智和善良；尽管岁月给了你满头的白发，却挡不住你把灵巧的双手伸给需要帮助的人。岁月可以夺走你的一切，却不能让你失去一颗善良、温柔、智慧、纯真的心，它只能把你变得一天比一天优雅。当优雅成为习惯，在逐渐老去的路途上，女人会走得更加从容，更加美丽。外貌能被时间夺去，但时光也能让女人更有智慧。女人内在的美是女人的护身符，它是比外表的美丽更有价值的东西。女人的美丽会因岁月的漂洗而褪色，花开花落终有时，而女人的魅力却会因岁月的淘洗而放出更加明亮的光芒，会因岁月的深藏而散发出醉人的醇香，女人若只在年轻时美丽，有吸引力，这不是一个成功的女人。女人的一生都可以美丽。

实际上大多数的女人都是平凡人，没有闭月羞花的美貌。外在的东西是父母给的，谁都没有办法。成为女人，外在美是日常生活中很重要的一个问题。不论外在美还是不美，女人一定要爱美，爱美才使女人活得像一个女人，爱美才能使自己平凡的面孔生出一些不平凡来。爱美的女人绝不会是个懒人。世上没有丑女人，只有懒女人。懒惰是女人最大的敌人，会让女人失去所有的魅力。

智慧的女人有自己的思想，有才华，有主见；她知道有文凭不代表有文化，有文化不代表有修养，修养是一种思维方式，一个人的心境和修养是需要修炼的；她知道文化对一个人品性培养的意义，她懂得用文化来让自己的生活更丰富。

我们都是为了生活而打拼，人生最大的目标就是有一个美好的生活。智慧的女人是懂得生活情趣的女人，懂得让生活充满惊喜和浪漫，让自己像诗人一样体会生活，像哲人一样思想，像凡人一样活着。她明白真正的爱情不会超过三个月，男人的爱情观是"新鲜"，女人的爱情观是"保鲜"，男人需要打拼，女人需要为生活添加乐趣。

智慧的女人明白有钱不一定会幸福，只有幸福了才会有钱。一个人重要的不是拥有多少财富，而是拥有驾驭财富的能力。女人不应该为金钱而活，更不应该为金钱而牺牲人生的快乐，淡然的女人是美丽的。

修养是一种人生体验到极致的感悟，是人生感悟极致的平静，那是一种更为简单纯净的心态，修养是每一个人内在的财富，是人生最大的收获。"淡泊以明志，宁静而致远"，这是中国传统文化修身养性的最高境界。有修养的女人懂得只有淡泊世事之后，才会洞明凡尘；只有清心内收之时，才会让生活更加丰富多彩。女人的修养不仅影响自己，也可以影响到整个家庭的和谐。一个有修养的女人可以让家庭幸福、和顺，让生活越过越好。

女人要不断提高智慧，智慧是美丽不可或缺的养分，智慧之于男人是睿智与深邃，智慧之于女人则是博爱与仁心，是充满自信的干练，是情感的丰富和坚韧，是不苛刻的观察万物，更是懂得在得到与失去之间平衡的和谐。人就是在不断增加智慧的过程中成长起来的。

智慧可以一点点从内心塑造一个人，让一个人从内向外散发光芒。智慧使女人能真正把握好自己，并获得从容与自信。智慧的女人周身散透出超然的气质，并能从人群中脱颖而出。

修养与智慧并重的女人懂得把时间凝结为温柔，把美丽磨炼成自信，把经历谱写成乐章。尽管岁月给了她们满脸的皱纹，却夺不走她们眼中的睿智和善良；尽管她们到了满头白发的时候，她们还有善心，她们还会用温暖的双手去帮助有需要的人。

世界有十分美丽，如果没有女人，将失掉七分色彩；女人有十分美丽，如果没有修养与智慧，将失去七分内蕴。女人，应该是一条永远亮丽的风景线，笑看岁月，美丽依然。

一个女人孜孜追求的应该是，当年华老去之时，即使美丽不再，却能安享内心的丰富。丰富的内心对步入老年的女人来说是一处最美丽的风景。这处风景是生命年轻的时候留下的财富。女人啊，趁年轻为自己积攒财富吧！女人，智慧和修养才能让你永远自信而美丽。

内心有风景，灵魂才有香气

张爱玲是一位聪慧早悟、清醒冷静的女作家，可是她并不感兴趣于理论思辨，她对鲜灵生动、丰富多彩、意味深长的生活本身是非常热衷的。不是"女子无才便是德"，其实想要做一个好女子需要有才能。

自古就有"女子无才便是德"之说，女人太聪明是不好的，容易失德，所有男子都不喜欢喋喋不休的女人。有内涵的男人会比较喜欢既沉稳又可以担当男人背后重担的女人，相反，有内涵的男人也非常喜欢有才华的女子，而且这样的女子要有非常好的德行，同时又要睿智聪明，言语不多，却可以将所有的事情都处理得条条有理。

如此女子就应该是：德才兼备，大智大度，将所有的事情都看开，一切苦难都可以化解掉；心中要有非同常人的定力，在遇到大事时可以左右逢源，沉稳应对，不失大将风度；女中豪杰，巾帼英雄；还要柔中带刚，收放自如，可进可退，机敏灵活，沉稳练达，可以应对一切人生中所要遇到的无常事件。

每一个成功男人的身后都有一个有德的女人，男女互补，能够促进事业的发展与成功，家庭幸福、社会和谐。一个幸福的男人，一定会拥有一个德才兼备的女人。天造地设，珠联璧合，女人，不只是男人眼里一道亮丽的风景，而且还是男人背后的一棵大树，能够安稳地将人生中的风雨渡过，适时地弥补心灵所缺失的精神安慰，调整好自己的状态，去面对每一天的生活与工作。现代人的压力的确会很重，而且每个女人的工作也都不轻，男女之间的空间就只能有很可怜的一小块，并且还容易将矛盾激化，这就不是互补型了，而是互相倾轧：相互计较，彼此之间相互不服气，谁都不想要服输，天天家里闹得鸡飞狗跳，老人小孩都没有照顾好，整个家庭都不能和谐共进，男人头痛，女人啼哭，家不成家。因此一个女人的德行是非常重要的，前提就是要把家里搞得一团和气，上敬下孝，邻里和睦，社会祥和，人人都活得精神饱满，幸福满堂，这样就不会再愁家庭不能兴旺，儿女不能满堂了。

女人不只是要注重外表，也要注意自己的德行。一个女人若是没有了德行，家里的事就会处理不好，这样一来男人就会有后顾之忧，于是生活就会变得凌乱不堪，又怎么能够兴旺发达呢？女人要知道容忍，不只是在家中，在事业上，各个方面，都要做得合情合理，尽如人意，还要圆融练达，把身边人和事处理好。女人就是一台戏，自己在生活里会经常扮演很多角色，还要演得非常逼真，还不能把自己的人生演砸了。说哭就得哭得满脸泪花，使人感到无比的疼惜爱怜，说商量就要商量得有声有色，将大家的积极性提起来；女人也是生活中的调味剂，她们可以把生活的酸甜苦辣，调成可口的润滑剂，一场场纠纷，一次次的大小事，没有女人是不行的，不然就会缺少"女人味"，这样的生活就会没有滋味。要不每个男人都死心塌地地为女人、为家里做牛做马，辛苦一生无所求。其实在其背后都有女人的努力和付出，所以说女人德行是非常重要的，女人有才才会有德。

女人有才是件好事，可是这样的女人需要避免的一点就是骄傲自满，不然就不如"无才便是德"的女人。你没有福报，刻薄、克夫，这样的女人男人是最害怕的，他宁肯女人不会说，也不要她出去惹是生非。

小女子有才就可以中状元，小女子有才也可以安家卫国，小女子有才还可以做好半边天。做个好女人，做个有德有才华的女人，美哉！

如今，是物欲横流、经济飞速发展的时代，改革开放进一步深入，才华的价值被越来越多的人认可，大家慢慢地明白了，最不保险的就是故步自封。这个时代，是才女横行的时代，美女是不可能比得上才女的。

如果天生丽质的女人不学无术、胸无点墨，就不会融入上层的社会当中。这个时代，美女总是前仆后继不会间断的，所谓"长江后浪推前浪"，一个女人就算她再美，又能够有几回青春呢？姣好的容颜总有一天会褪却，到了那一天，不还是一个黄脸婆，除了残酷的社会现实，还有什么？

然而才女的不同就在于，她们不一定有着天生丽质的容貌，可是她们有的是渊博的知识，良好的形象气质，也知道进退，知道取舍，时间一长，就会显现出她们的优雅高贵，散发出她们成熟、恬静、知性、智慧的魅力，就好像是一杯红酒，越饮越香，越浓越醇。她们有自己的工作，有自己的收入，有自己的尊严，就不必要依附在男人那里低声下气。

先天注定的事情，不能改变的就是"命"，可是每个人都可以决定如何面对，那就是"运"。

女人，或许不一定是男人生命中最漂亮的一个；所以女人，你可以无貌，但一定要有才。

学识是女人穿不破的衣裳

张爱玲有其非常独特的气质，这样的气质或许是因为她的家庭背景或是天才一般的文笔。"我是一个古怪的女孩，从小被目为天才，除了发展我的天才外别无生存的目标。然而，当童年的狂想逐渐褪色的时候，我发现我除了天才的梦之外一无所有——所有的只是天才的乖僻缺点。世人原谅瓦格涅的疏狂，可是他们不会原谅我。"这段话是张爱玲曾经在她的作品中说到的，然而一个女人的魅力还是在于她的思想与学识，给女人带来了内外兼备的涵养。

若女人仅仅有美丽的外表，那也只不过是一个空壳，是一个没有思想的女人，这样的女人，眼神里面因没有高贵的灵魂而显得呆滞，语言也没有韵味而显得空洞，美丽也只是苍白的。其实最美丽的女人就是有思想的女人，在她们的身上，到处闪现着睿智的光芒。

一个女人，要是有美貌，就会有更多的自信，人生路走起来就会更加顺畅；可是一个女人要是拥有了学识，那就为你所憧憬的目标奠定了基石。女人的味道，不只是体现在外表，更是因为一个女人的内在修养，这样的味道是种不言而喻的美。

　　有思想的女人同时也具备了自信。她们彰显个性风采，却没有太过张扬，她们相信自己的学识还有自己的认知能力，当出现困难的时候，也没有怨天尤人或是悲观丧气，不会只用眼泪作为捍卫自己的武器，因为她们相信自己可以将困难解决掉，同时也能积极地寻求可靠的解决方式和方法。有思想的女人是会包容别人的，会尊重他人的选择，不会将自己的价值观强加到其他人的身上。她们能够设身处地为他人着想，站在对方的角度理解他人。

　　美貌，说白了就是一个外表，也许它会带给你一些愉悦，可是不会伴随你的一生。只是依靠着自己的外表作为一个女人的资本，这是最傻的女人。你有美丽的外表，很多女人也会有，或许会比你更美丽，这时你要怎样才可以胜过她呢？那就只有不断提高自己的学识。

　　拥有学识的女人，才可以在美貌的基础上，再添加几分柔情，增添几分典雅。拥有了学识的女人，就算是岁月的轻霜爬上了自己的脸颊，女人的魅力也会风韵犹存，也会有不失典雅的风范。她们会谈吐得体，所有的话语从她们的口中说出来，都好像春雨般沁人心田。

　　女人，就好比是一坛酒，芳香醇正，沁人心脾。然而有学识的女人，就仿佛是把这酒酿了又酿，更会有一种独特的神秘感，人们不自觉地就会注视过去。学识，不只是饱览诗书，通晓琴棋书画，更主要的是一种内在的气质，是一种聪明的展示，是一种内涵，是处世的灵活机巧，是面面俱到的思考，是丰富经验的积累。这种深情，这种语言，就好像是诗画的意境一般，只可意会，不可言传。

　　有学识的女人一般都会谈吐不凡，有着高雅的举止，学识与优雅兼具，让男人由衷地钦佩并且赞赏。她们不仅会是生活上的伙伴，更是自己生活中的良师益友。

古人这样说：腹有诗书气自华。女人想要美丽高雅，并与众不同，那就更要多读书，陶冶性情，就要通过书中的精华提升性格、素质、内涵、思想、修养，在潜移默化中升华，过滤掉世事的尘埃，让自己的心灵得以纯净。

书可以说是女人魅力之路的永久伙伴，读书让女人不再畏惧年龄，读书可以使女人有能够征服一切的勇气和力量。书香四溢，读书的女人会有着独立的气质和魅力。"读一本好书，就像和一个高尚的人谈话。"就是这样，和一个读书的女人谈话、生活，也等同于和一个高尚的人在一起生活，女人的思绪宁静，浮躁的心便会远离尘世的喧嚣。

女人在面对生活还有工作上的琐事的时候，庸俗还有繁杂更早地进入了生活，唯有读书才可以赶走一切尘埃，让自己的心灵留下一片净土。将无谓的纷争还有日常中的鸡毛蒜皮的吵闹都抛于身后，任它繁华、喧嚣，怎能抵挡得了书中恬静的美好？女人的心灵得到了滋养并且也更成熟了，于是就会使得身边的爱人更多一份恬静和安乐！走进了书的世界，也就是拥有了智慧，就可以诗意地走进生活当中。

每个女人读书的目的也许是不一样的，或许是为了陶冶性情，或许是为了娱乐消遣，再或许是为了附庸风雅。然而，只要是读的书够多，无论是缠绵悱恻或者是修养性灵，都可以提高女人的人生境界，使得她们优雅淡泊、超然洒脱、柔美恬静、气度不凡、细腻温婉、才思敏捷、风姿绰约，成为最亮丽的风景线。

让灵魂更饱满，

活出人生 " 高级感 "

ranglinghungengbaoman,

huochurensheng"gaojigan"

一个女人需要为了自己的一生，为了自己的尊严而更加有姿有色。尤其是现代的女人，应该具备哪些美丽的品质和品格呢？女人终究要为了自己而做些什么，不要永远依附在别人的衣襟下。相信你的明天就在不远的将来！

ranglinghungengbaoman,
huochurensheng"gaojigan"

自信，让灵魂高贵起来

"我不完美，可是我很真实；我不漂亮，可是我很酷；我不富有，可是我很快乐；我不成功，可是我很自信；我不多情，可是我懂得珍惜。"这是张爱玲的经典语录，无论怎样一个女人不能没有自信，自信带给女人更多的美丽与幸福！

女人在很多时候都非常美丽，然而女人在自信的时候应该是最美丽的。自信的女人往往会有一种不同寻常的吸引力，因为自信，女人会更加的妩媚生动，更加的光彩照人；自信也可以让女人更拥有坚强与勇气，就这样面对生活里面所遭遇的种种艰难困苦，在挫折面前不轻易地退缩，坦然地面对一切。自信可以让自己积极地克服一切困难，还会不断地完善自己，让自己趋于完美。即使我们都知道世界上根本不会存在没有一点点瑕疵的完美之人，可是如果可以自信地让自己不断地向完美接近，怎么能说那不是一种最美呢？就是因为有了这样有魔力般的自信，女人看到了自己本身的价值，看到了属于女人自己的魅力，看到了生活中最美好的地方。

最美丽的女人，当然就是自信的女人了，缺乏自信往往会让人感觉好像少了点什么。在爱情来了的时候，如果缺乏自信，自己还经常患得患失，整个人也会显得心事重重，这就会让她的脸上失去爱情带来的美好光泽，少了爱情中的快乐就会变得不那么生动美丽。然而在自信的时候，就算她并不是美丽的女子，也都会因为爱情的滋润而使她变得灵动起来，成为最美丽明朗的女子。如果在做新娘的时候缺乏了自信，少了对将来的自信，就算那一天已经打扮得非常漂亮了，还是会缺少那动人心弦的光彩；而自信的新娘，由于已经相信自己就是此刻最美丽的新娘，坚信自己拥有的是属于自己的最好的另一半，坚信自己找到的就是自己想要的幸福，坚信从此之后就会与那个他一起营造一个温馨美满的家庭，有了这些坚决的信心，她的脸上就会被幸福的韵泽所笼罩，就这样成为最美丽动人的新娘。这个时候在她的脸上，自然而然地就会焕发出深情的向往，这是最拨动人情感的美丽。

自信的女人是最美丽的。往往身上带有自信的女人可以坦然地面对社会与生活中所遇到的一切，甜的或是苦的，悲的或是喜的，痛的或是乐的，都有勇气去承受去承担，就算是遇到了失败或是残缺的生活，都不会失去努力向着更好的方向发展的动力。就是因为自信，每一个"她"即使做不到拥有最漂亮的外表，但依然可以自信地拥有最能折服人的内涵，而因此散发出来的魅力也是可以让人着迷的。显然女人的自信是最美丽的，它让你拥有一种非常独特的气质，使你拥有一种震慑性的向心引力。这无关你的外表。只要你有自信，你就拥有了美丽；只要你有自信，你就拥有了世界；只要你有自信，你就拥有了人生的价值；只要你有自信，你就拥有了完美；只要你有自信，你就拥有了一切……如果你没有自信，就算外表再美丽，还是会失去自己应有的动人心魄的一面，于是就此黯淡起来。由此可见，自信对于女人来说是非常重要的，想要成为一个美丽的女人，就请扬起你自信的头颅吧，让自信的微笑经常出现在你的嘴边，要相信不管是在哪里，你都会成为世界上最美丽动人的女子，相信自己就是生活中的主角。

通常可以看到自信的女人，在走路的时候都是昂首阔步的，她们那沉着淡定的表情也把她们的自信传达给了人们；自信的女人，无论是坐在餐厅还是坐在大排档，都会一样的优雅而风采不减，微笑的魅力总会吸引住人们的视线；自信的女人，在买东西时不会徜徉不定，而是走到自己喜欢的东西那里，并挑选自己最合适的东西。自信的女人，不管是家庭、事业还是交际，都会是一帆风顺的，偶尔会有一些挫折打击，也总会被她们轻巧化去，一举手、一投足间，就会让事情向着对自己有利的方向发展。

做一个自信的女人，或许会更疲劳，因为自信总是会带来众人的期待还有信任，这就会让她们都走进一个个劳心劳力的圈子里去，然而，自信总会带给她们力量，使其会想办法用最短的时间最恰当的方式巧妙地将事情处理好，在众人的赞叹声之中，保持她们自信的微笑，让大家都定下心来。

做一个自信的女人，不一定就是个女强人。女强人的雷厉风行、不可一世总会让人敬而远之。而自信的女人不会有这样的特质，她们或者刚强，或者柔弱，或者中性，然而无论怎样，她们都使人易于接近、喜欢接近。这样刚强、自信的她们，会露出非常豪爽的一面，用自己的坦诚与爽朗使身边的人心悦诚服；柔弱、自信的她们，也总是会让人们对她们心生怜爱，于是就会心甘情愿地为她做事；中性、自信的她们，长袖善舞，不管是男人或是女人都会对这样的她欣赏佩服，那就更是源于那份自信的洒脱。

做一个自信的女人，就要知道自己最需要的是什么。弱水三千，她只取一瓢，那是她的睿智所在。大千世界不计其数的人们，优秀杰出的人物也是多若繁星的，所以说一个女人为什么不寻找一个合自己脾胃与自己志趣相投的人来共度一生呢？因此，自信的女人，向来都不会有绯闻惹身，因为她们本来就洁身自爱，身正自然就不怕影子斜，偶有一些造谣、搬弄是非的事情，也不过是给她们的爱情做了一个广告而已。

做一个自信的女人，不用必须拥有属于自己的事业，然而只要是拥有了事业的她们，就一定可以在事业上挥洒自如。自信的她们可以让上下级的同事以及对手都心悦诚服地佩服她工作的能力。在工作上，她们举重若轻，急大局之所急，做事稳妥细致，拥有自信女人的企业，同样也会拥有一份自信的明天。

一个自信的女人，不必要有倾国倾城的国色，也不一定要有闭月羞花的容貌，甚至可以是相貌平平的，然而，就是因为那份自信，她们瞬间就会变得光彩夺人，变得淡雅高贵，所以说，不管是在怎样的场合下，她们都是最耀眼的焦点，这样的耀眼也不会因为容颜的衰老而随之失去。

一个自信的女人，不一定要有太多的东西，可是，她却拥有一份富亦可敌国的财富——自信，这是一份永远都不会被外人夺取、永远都属于她自己的财富，罩在她的身上，就会成为她最美丽的魅力。

现代的都市里，女性当然就是一道必不可少的风景，她们总是会出现在大街小巷，步履匆匆，举手投足之间都会透露出女性的干练与风度。也许一个不经意的眼神接触，就会发现，她们的眼睛里面流露出的总会是自信与睿智，令人不禁对她们多出几分赞赏。

美貌并不一定是每个女人都会拥有的，然而通过化妆、整形美容等都可以达到很好的效果。然而一个有着花一样容颜的女子，内心却是空虚、懦弱，缺乏自信的，那么她的美丽就会大打折扣。就比如有一个长得清秀可爱的女子，却自卑得厉害，她从不在别人面前表现自己，经常静静地沉默着，就连好看的丹凤眼也失去了原本美丽夺目的光泽，毫无生动之处。然而这个女子懂得了"连自己都不能肯定自己的人，如何让别人感受到你的魅力呢"？于是就恍然大悟，一点点地将自信拾起来了，性格也开始变得开朗了，生活也是多姿多彩的，大家都开始关注、喜欢她了。

一个女人能够自信，不管她的外貌是怎样的平凡，都会显出流光的溢彩。因为一个人的自信很有可能会变成一种人格上的独特魅力，深深地吸引着周围的人。一个自信的女人更会懂得如何更好地生活，懂得体现人生的价值。自信的女人最美，愿天下的女人都多几分自信！

优雅，是最温柔的盔甲

张爱玲是一位充满了才情的女人，她是风情万种的上海女人的优雅标志，她的优雅就像是一首诗。在张爱玲的相册中，不管是三四十年代又或者是八九十年代，我们读到的只有一个女子的高贵与端庄，根本不会寻到岁月的一丝皱纹。

或许，一个女人的价值可以交给男人来评断，可是从不需要依靠男人体现出来。拥有独立和优雅的自信才可以让女人焕发出独特的气质，这样才会有自己的一片天空。她们美丽，不是为了取悦男人，也不是虚荣的表现，这是女人热爱生活、维护自尊的一种很完美的体现，而实现了自我，才能实现价值，才能让自己脱颖而出，这也是当今女人应该掌握的升值关键。

第一，珍爱自己。一个女人，一定要从珍爱自己开始，也只有这样才会更自尊、自强，因为爱就是一种力量，它总是会让人充满信心，充满期待，充满快乐。自爱同样也是一种力量，这种情感是自己给自己的，这种快乐是源于心底的。

自爱多少有一点是从自恋开始的，对于自己的迷恋和眷顾都是一种自信的表现，就是不需要任何情感依附与支撑的一种幸福。试想一下，如果你自己都不懂得珍爱自己，那么还有谁会珍爱你呢？不懂得如何珍爱自己的女人，不懂得从细微处照顾自己的女人，那么她就不会随时随地流露出那份优雅与美丽。

第二，拥有良好的仪态谈吐。拥有美丽外表的女人不一定就是优雅的，然而自信的女人却一定拥有更独特的魅力。魅力是在美好的仪态中表现出来的，一个优雅的女人，通过她的一颦一笑、举手投足、姿势体态、语言谈吐，就可以读到她的优雅，她总是在不经意间就将女性的魅力展现在人们的面前。

因此，想要成为优雅的女人，仅是美丽的外表是远远不够的，你还需要拥有良好的仪态，仪态是行为、谈吐、气质、穿着、内涵等综合的体现，包含了情趣、自信、娇媚、温柔等复杂内容，既来自先天，更多的则是来自后天。女人可以不断地通过各方面的仪态训练和内在修养的提升，让自己逐渐成为一个优雅的女人。

第三，知识渊博，不断提高文化素养。显然这就是当今社会拥有优雅仪态的首要必备条件，知识可以塑造出一个高品质的女人，而以知识创造财富，就会助你立足于不败之地。因此，素质决定了命运。

第四，积极果断，充满创新。其实，这个状态就是当代女性最先进、最有效果的生活方式：行事十分果断，从不拖泥带水，从自我出发，不自满，不墨守成规，充满创造性，不断地在给自己创新，不断地更新自己的价值。

第五，时时不忘充电。与男人相比，女人在精力和体力上并没有天生的优势，可是一定要相信后天的创造，智慧的头脑是不会有男女之分的，功成名就的那一天，就是女人最美丽的一天。

第六，成为完整独立的个体，拥有完整独立的人格。女人需要在经济上独立，不去依靠任何人，因为你应该明白，坚实的经济基础就是维护自己尊严的必需品。通过经济独立，享受事业带给自己的满足感。

在精神境界上面，女人并不是男人的一种附属品，女人更需要拥有自我意识、追求自我的价值和目标。有一个幸福的家庭虽然是不少女人的追求与愿望，不要再为不爱自己的人哭泣了，也不要因为男人的一些承诺用上自己的一生。女人要相信自己，做一个独立完整的自己；拥有自我完整独立的人格，是成为一个魅力女人的重要一点。

女人的美丽主要来自她的优雅，优雅是一种感觉，是一种气质，是一种可以打动人心的力量。在这个世上原本不存在丑女人的，每个女人都有一份属于自己的独特的美丽。当她用心把这种美演绎出来，就会拥有迷人的优雅气质，也会使她的人生更加优雅美丽。

在现实生活当中，并非每一个女人都像荧屏上的一样漂亮，相貌出众的也并不是非常多。然而，完全不必因此而抱怨什么，自信的女子永远都是最美丽的，这份自信源于你内心对自己的肯定！

有这样一种女子，她从你身边经过的时候，就会带来一缕馨香，这就会令人忍不住驻足凝望，或许是因她那特有的气质，抑或是优雅的着装等。或许她并不是非常美丽的女子，却是一个非常有"味道"的女子，那种气质总会给人留下非常深刻的印象，而这种魅力就是一种优雅！

性感，也已经是美丽中的另一个名词。性感的女星玛丽莲·梦露，当她的大蓬裙被风吹起来的时候，她拼命地用手去按压，就是这种掩饰不住的万种风情，如今已经成为性感场面象征性的标志。然而，她除了拥有那迷离魅惑的眼睛以及那娇艳欲滴的双唇以外，给人印象最深的应该是出自她内在那份勇于表现自我的优雅与气质。

倦容可以说就是优雅的大敌人。很难想象，一个满面倦容的女人，可以拥有无比优雅的气质和令人着迷的笑容。所以，感觉累了就休息，留点时间给自己，做回那个满面靓丽的自己。

女人就好比是花儿，随着年龄的不断增长，女人的美丽也会有所变化。懂得用自信和优雅装扮自己的女人，会终身魅力不减；一味靠外表装扮自己，其魅力会打折扣的。是的，女人的魅力来自于优雅。希望每一个女子都拥有一个美丽而优雅的人生。

女人越独立，活得越高级

张爱玲的作品中涉及的很多鲜明的女性人物角色，其在性格上几乎都有独立自主的特点。这也与张爱玲自身的女性观非常的类似，因为张爱玲同样是一位非常独立的女性，在她的思想里少了很多传统思想的束缚，她提倡独立美。

随着社会不断地发展，新时代的女性们也获得了受教育的机会。知识可以让女人们懂得更多做人的道理，她们懂得了女人也要自立、自强、自爱，可以用自己的劳动来获得经济上的补助，从而做到经济上的独立。几千年来男尊女卑的封建思想不会再是禁锢女人前进的脚步，可以说经济上的独立使得女人们也扬眉吐气了。经济上面得到了独立，就不用只依附在男人旁边，一切生活都依靠着男人。

当代社会的女人吃的穿的，都可以通过自己的能力去获得，甚至比依靠男人还要优越、精致，但是女人依然还是情感的动物，女人的幸福与她的婚姻以及爱情就好像是连体婴儿一样有着无法分割的密切关系，而男人又是爱情的载体，所以女人的幸福与男人有着千丝万缕的关系。

然而，女人需要心灵上面的独立，只有心灵独立了才是真正的独立。心灵的独立，让你知道自己真正想要的是什么，就算是依靠，就算是取暖也要清楚明白，而不要与爱情混淆不清。这样的清晰明了，在感情多元而又浮躁的社会里，对于一个女人而言是非常重要的。

内心独立，就会清楚自己所想要的，而不是盲目地放任自己的感情。用爱来掩盖内心的脆弱，这就是你内心的依赖性在作祟，可以说在很多时候女人是在留恋另一个人的关心和体贴，然而这并不是爱，爱是让我们发自内心的快乐，而这种快乐是双方的，如果有一方感觉不到快乐，那都不是爱。这个社会的女人们不只需要做到经济上的独立，还要做到内心的独立。

内心独立，这样你就不会在寂寞的时候在酒吧晃动着高脚杯顾影自怜，就算是有男人搭讪，你也会明白自己想要的并不是一时的欢愉，内心独立，你就不会在受到男人恩惠的时候，因为他给的温暖就恨不得马上以身相许，独立的女人，会分辨出自己究竟是不是真的幸福！

当你知道你要的是什么以后，那些打着爱情的旗号来找你的人，自然就可以分辨出来了，于是你就会对那些并不真实的感情、暧昧的暗示产生免疫力，张爱玲有这样一句话说得很刻骨：男人喜欢那些拥有成熟女人的身体和婴儿脑袋的女人。因为拥有孩子般的脑袋，男人能轻易得到她的身体。

所以说一个女人需要的是真正的独立，有这样一个故事，说的是一个聪明的女孩，正在青春飞扬的豆蔻年华，这个时候自然少不了追求的男孩，而其中有一个已婚的企业老总。这个聪明的女孩读懂了他眼睛里的一些东西，之后终于有一天，老总提出了希望与她在一起，而且还赤裸地提出，除了婚姻，她想要什么都可以答应她。于是这个女孩说，我要的就是婚姻，没有一个女孩不想与自己爱着的人长相厮守，不想光明正大地在一起，之后这个男人就对她退避三舍，就再也看不见他那含情脉脉的眼神了。这个女孩清楚地知道自己想要的是什么：不是暧昧，不是一个情人的身份，而是一份真正坦荡的爱情。

如果想要一个已婚的男人远离你，那么就要婚姻。因为他想要的并不是与你之间的婚姻。你要的幸福，他给不起。

这样说来，内心独立真的是女人幸福和得到真爱的试金石，因为独立的你会分辨出哪些人是真的爱你，哪些人只是一些无谓的暧昧。所以说你会因为自己的独立而不再迷惑，不再因寂寞和无聊而找寻一份感情排遣。因为你清楚地知道，你要的是什么？

因为你的内心是独立的，你就会安排自己的时间，安抚自己不良的情绪，寂寞的时候看看书，或是在自己的兴趣上做些投资，看一场电影，听一场高雅的音乐会，或是端着杯子在房间里看卡通片。这时的你一定不会再去酒吧，这个时候你该是多么充实、温暖，这就是你的独立带给自己的温暖。

人们形容女人的美，总是会用"温柔如水""水做的女人"等这样的词汇。水是人们眼中能看得到柔性最大的，是能见又无形的，水可以进入到任何的器皿中之后就会形成任何一种器皿的形状，水本身是没有形态的，在哪里就是哪里的形，然而它也不会失去自己，它还是水。因此，水不仅有柔性，还有一种韧性，做个柔韧的女人，个性独立又不失温柔。

人常说，幸福要有三个要素，即：有事做，有希望，有人爱。

有事做不只是在工作的时候，寂寞的时候也要有自己想要做的事，经济和心灵的双重独立。这应该就是一个女人的真正独立。独立让女人更坚强，对生活充满希望，这样的女人，幸福肯定会多多眷顾她的。

活在当下，做出自己。如今的生活要求女性独立、成熟起来。而一个不自立的女人，是没有办法摆脱依附于人的状态的，所以也就只能永远当一个别人生活里的配角；一个不自强的女人是缺乏进取心的，当然就会注定了与成功无缘。于是这样的女人也就会失去拥有家庭及社会地位的基础。

"心中怕做强人，注定就是弱者"，如果是一个弱者，又谈何成功呢？因此，迈向成功的第一要素就是自立、自强。想要做出一番成绩，获得成功，树立"自立自强"的信念显然就是最关键的。

也许绝大多数的女人都会认为，一个女人就算事业再成功，要是没有一个完整而温馨的家庭，那么这个女人就不算是幸福。如果感觉自身价值只在于家庭或是婚姻中，就更不用说男人或这个社会是怎么看待女人了。有这样的说法就是"男人通过征服天下来征服女人，而女人通过征服男人来得到天下"。男人的征服感是在征战沙场中得到的，那么，女人的幸福感是在于征服男人吗？那倒未必。

现今社会，女人已经走出家门去找适合自己的工作去了，在各种场合都可以看到精英女性的身影。她们自身的价值更多地被实现着，其实，并不只是爱情才可以给女人或是人类带来幸福感。一个拥有梦想和追求的女人，在她追求的过程当中，不断地学习和成长都会给她带来精神上的快乐。所以说一个完整幸福的家庭的确可以使女人们感到幸福，可是并不是所有女人的幸福都来源于婚姻或是爱情。需要一份完整的爱情或是男人才会感到幸福的女人，很大程度上来说都是因为自己不够独立，最终这样的结局也只能是以悲剧收场。毕竟，没有任何人可以将别人的人生担负起来，若你自己不独立，还总是想要依靠别人给你带来生活上的优越和精神上的愉快，那么你又拿什么去作交换呢？

女人也要为尊严而活

"尊严不但指人受到尊重，它还是人价值之所在"。有人说张爱玲是近几十年来最有尊严的中国人，张爱玲出国之后她几十年闭门谢客，遗世独立，孤傲地维持着她的尊严。每一个女人都应该维护好自己的尊严，人要为了自己的尊严过活！

女人，是美丽的同时也是脆弱的；是安静的，同时也是不甘寂寞的。因为女人深情，因此也会容易被感情所累。实际上该放弃的时候就应该放弃，就算彼此之间可能有着很吸引对方的条件。守住这份恍惚的爱，用心守住缺口，千万不要让环境破坏了生命中的那份浪漫和倾注。

女人可以说没有一个不是感情的拥有者，女人可以为了感情付出很多甚至是所有，可是女人绝不能丢掉自己的尊严与道德，不要轻易地就为了所谓的爱情和钱财去牺牲自己的尊严与道德。

女人是很爱幻想的，都会幻想自己可以有一份完整、美满的爱情。尤其是四十多岁的女人，在历经诸多岁月的磨砺之后，就会有一定的内涵、修养，会有更多的魅力与气质，可是在感情上却已经进入了疲惫的阶段。所以就会想要有个补充，于是或许就会在眼前出现一道美丽的彩虹，庆幸自己有了可以依靠的肩膀，有了心灵的归宿。之后就会幻想着自己可以走上一条美丽的生活之路。

然而我并不否认你是情真意切的，也不能用道德和自尊去进行衡量。两情相悦，向往幸福。然而在这个世界上任何的事情都具有它的两面性，你需要冷静下来思考，毕竟现实的生活不是神话，你需要面对随时都会发生的各种问题与矛盾。女人总是与眼泪为伴，原因就是没有可以依靠的肩膀，所以女人就会流下眼泪。那么，女人究竟应该怎么做呢？不要为了自己的一些私欲，而去背负一生的道德与良心的谴责。

人不能原谅自己的时候就会自责和内疚，甚至可以将自己的灵魂毁掉。精明的女人也是拥有自尊和道德的！千万不要因为自责和内疚而把自己的一生给毁了。

道德和自尊可以让一个女人在这个纷繁复杂、尔虞我诈、物欲横流的世界当中，不卑不亢。自尊与道德是女人灵魂的一个很亮的灯塔，有了这个明亮的灯塔，才可以在面对这个世界的时候，保持一份坚定的力量。也因为有了这个明亮的灯塔照亮了前方的路，女人才会赢得别人的真爱与尊重，生命也从此显得高贵而不再卑微。

因此说，一旦女人有了道德与自尊，就会提升内在的气质，也正是这种气质，才能在成功的道路上增加永不枯竭的能量。

女人应该自尊自爱，自我完善，有张有弛，自立自强，只有这样才可以让自己尽量不会处在阴雨天，就算是下雨了，也还会有一把属于你的小伞握在你的手里。

就爱情来说，女人也是需要有尊严的。女人需要有自尊地活着，不要欺骗别人更不要欺骗自己。如今如果一个女人的社会地位与金钱没有关系，一般就不会活出自己，不管什么时候，可以说都需要金钱支撑着你去改变你周遭的一切。女人，不能总是卑微地活着，千万不要活得太卑贱，命运是要靠自己来掌握的，幸福也需要自己去追求。女人要有尊严，对那些不重视自己的男人们，根本就不值得你去花太多的心思！

我们总是在现实生活中或是在电视剧里看到那些女人与自己的男友分手之后，就会如怨妇一样去诉说自己爱情中的不幸，都认为自己对他是千依百顺的，最后却被他给抛弃了，她们始终都不会明白这其中的原因是什么？

实际上，两个人相爱是平等的，如果感情没有在一个互相平等的基础上，那就不可能算是爱情，勉强得到的爱也就不过是一种廉价的施舍，是没有什么意义的。有的女人就会说，他刚开始是很爱我的，可是到最后为什么就变心了呢？也许在一开始的时候他是真的爱你，但他给你的爱也许就是一种感动，然而这仅仅只能换来他的一段感情，你却把自己全部都交上去了，你放下了自己的自尊，事事以爱情中的他为重，凡事以他为先，你以为这样就是爱他，实际上，如此这般的爱会让男人窒息，或许你不明白这究竟是为什么？男人到底想要什么？总之他们要的不是一个将自己完全放弃了，之后就像一个丫头或是保姆一样的另一半。

女人应该知道，在爱情中你尊重他一定是想让另一个人同样地尊重你、欣赏你，而不是一味地挑剔你，如果你把自己的尊严丢掉之后，将自己毁了之后去换一个不再爱你的男人，这样做真的值得吗？很有可能是他会更加地瞧不起你罢了。爱情不是乞求到的，不是整天围着别人死缠烂打而得到的，甚至跪着乞求他来爱你；爱不是施舍，他不能因为可怜你就接受了你，爱应该是相互尊重相互体谅，而不是迁就来的，可以说没有尊严的爱情绝对不是真爱。要是你遇到了一份能够使你感到痛苦，让你疲惫的没有一点尊严的爱情，你就需要马上毫不犹豫地选择放弃，因为你要给自己一个机会，也许接下来会有更好的幸福！

女人的尊严总是交给爱情，然而在爱情中每个人都会有自己的底线，只要爱情什么都不要，这样的话会把爱情一同输掉。所以说每个人的尊严就是在爱情中最后的一条底线，尤其是女人，千万不要为了对方就失去自我，一定要给自己保留一些做人的尊严，只有自己尊重自己，才会有资格去要求别人去爱你。幸福的爱情和婚姻的基础首先就是坦诚和尊重，有了承诺、信任和尊重，感情才可能会长久，放弃了尊严的爱情一定是不幸福的。

在尊严和爱情面前的你会做出如何的选择呢？相信每一个想要得到真正幸福的女人都会选择尊严！要是一份感情，需要拿尊严来交换，也就再也没有什么可谈的价值了。人终究是要给自己保留一份尊严的，没人会轻视你的，所以你一定要自重，不要把自己的尊严随意地丢掉让对方任意践踏。要是连你自己都不再尊重你自己了，别人又怎么会爱惜和尊重你呢？如此这样的爱情当然是会非常痛苦的。有些人注定了就是过客，有些感情注定了是不会有结果的，我们要对自己对对方都保持清醒的认识。爱情固然可贵，然而最重要最可贵的是不要放弃自己的尊严，不能在人生中输掉自己的底牌！

如今的女性，不能再依附于男人了，女人可以没有爱情，可是不能没有自我，爱就要爱得精彩，活就要活得明白！一定要知道自己是需要为自己而活的！珍爱自己，一定要尊重自我的感受，有尊严地生活，努力地工作，快乐地生活，只有尊重自己并尊重自己的生活，这样才会有懂得疼惜你和尊重你的人出现！

爱自己，生命才有意义

张爱玲曾经这样说过："女孩子要自爱，不管你遇到多大的打击，不管你遇到的情况多么悲凉，借故堕落，也是堕落；越是不爱自己，越是没人爱你。"是的，女人需要拿出自己最认真的心来好好地爱自己，爱自己的这份感情没有谁可以替代，唯有你自己！

总是认为拥有浪漫爱情的女人最漂亮；总是认为穿着漂亮衣服的女人最漂亮；总是认为有了梦想工作的女人最漂亮；总是认为拥有了幸福生活的女人最漂亮。可最后证明：自爱的女人是最漂亮的！

如果一个女人将自己的全身心都献给了爱情事业，这样的结局一定是非常可悲的。因为无论是哪种爱情都会被时间打败。有没有听过："恋爱是人生最美好而又浪漫的时光？"等到要步入婚姻殿堂的时候，想要拥有完美和谐的结局，就总要有一方忍让、退却，继续婚前的卿卿我我；而还有一方会怨声载道，怒发冲冠。因此，女人需要学会自爱，把时间多一些放在自己的身上。

我们不会认为，一个处处关心妻子的男人就是个"窝囊废"，也不会认为一个处处体贴丈夫的妻子就是个"无能者"，在爱情面前，是不会存在美丑和贵贱的。

一个女人，不管衣着再怎么华美，理念再怎么前卫，可是却是内心空空，吐字如粪，这样的一个女人倒不如一张平庸的脸面，朴素的外表来得好。人的学识、教养与外表和环境都是不成比例的，后天的努力才是成功最主要的一个因素。相信也是有这样的女人的，这样的女人外表漂亮，也有着丰富的内涵，且有扶贫济世的善良，而且还有一颗胸怀世间万物的体恤之心。如此女人就是美丽的，也是自爱的。

女人，要懂得自爱！在生活当中，女人是最美的"化合物"，是自然与修饰雕刻出来的"作品"。女人的性情也是多种多样的：有的孤傲，有的温文尔雅，有的娇若玫瑰，有的柔情似水。只要是女人，都很需要男人精心的呵护，需要加倍的关爱，这样的女人才总是会在脸上透露出幸福的喜悦，才会更加的可爱。同时，女人也不要因一时的快乐短暂的幸福，就忘记自尊与自爱。

如今有些男女之间的交往并不是什么真正的爱情，也许就是一场游戏，游戏结束就各自回到自己的生活当中去。女人，这样真的值得吗？要爱首先就需要懂得自爱，做一个自爱的女人吧，只有这样才可以真正地赢得自己想要的幸福。

一个女人究竟需要流多少泪，伤多少心，被骗多少次，想多少问题，调整过多少次状态……才可以成为自爱、自强的女人呢？究竟应该怎么去爱自己呢？

或许是因为女子本身的问题，我们身体上的娇弱也将心灵上的娇弱给牵动了起来，就好像藤蔓一般依赖着、仰仗着大树的依靠。

然而一个连自己是谁都不知道的女人，就算是拥有了再美的外表或是多么好听的声音，最终也只能沦为他人生活的点缀，任人摆布。

难怪当今有那么多的女人都哭着、喊着问"你为什么不爱我"？却从来都没有好好地问过自己，是否真的好好地爱过自己？是不是你早就全身而退，放弃了自己对自己的主权呢？所以说，不要怪全世界都对不起你，最初抛弃你的人是你自己。所以说就算全世界都抛弃了你，你都不要放弃你自己！

你什么都没有错，只是太软弱

张爱玲笔下的女人个个自强自立，个个都是彻底的中国人，同时也是一种彻底的苍凉，太接近人生的底色。张爱玲用情至真至深，并在生活上自尊自强。自己探求学识之路，一路自强；自己寻求自己想要的爱情，爱得很彻底；自己有自己对女性的理解，走得很潇洒！

女人不坚强就不会有人替你勇敢，所以你可以柔弱但不能软弱。现代的女性必须自立才足以生存。弱可以说是女人与生俱来的无须克服的天性。也就只能在脆弱、柔弱与软弱之间做出一个选择。柔弱与软弱的区别就在于前者明事理，柔弱又令人怜惜，软弱则是被人欺负的。要做一个坚强而独立的女人，不要软弱。

女性的温柔是不可缺少的一种美德，男性通常会喜爱性格温柔的女性。

几千年来温柔体贴一直都是我国女性的传统美德。这种美德主要表现为谦和恭敬、心地宽容、柔情似水、关怀体贴。有这样的女性作为自己的伴侣，就可以终生地互尊互让，心心相印，家庭成员也会和睦相处、幸福甜美。

这种温柔是女性美德的具体表现，然而温柔并不是软弱，温柔是一种平等待人、尊重别人的同时还自重自爱的品质。有很多自以为很温柔的女性，实际却像一团湿面团，总是任人摆布。这样并不是温柔，而是一种软弱。

软弱的人通常就是意志薄弱的人，这样的人通常不能用自己的意志去支配自己的行动，而总是会按照别人的意志去行动。

中国旧时代的女性为何软弱的比较多呢？其实，有很多女性都承认自己是一个弱女子，而又下不了决心将这样的可悲状况改变，最后就听任风浪把自己给吞没掉。这样的原因也是多种多样的。可是主要原因还是有几个方面：受到了旧时期封建主义思想残余严重的影响，文化水准低，经济上也不能自立。所以就会觉得自己的腰杆子不硬，不相信自己，也不会成为一个强者。

这种软弱大多在成年之后表现得比较明显。婚姻不敢自主，要是遭到了父母的反对，便不敢去爱自己心爱的人，于是就与父母所认同的丈夫结婚；受了坏人污辱以后，还很羞于抗争，最后就任坏人凌辱，不敢想办法运用正确的方式保护自己；在家庭中，也是以丈夫的意志为自己的意志，不敢越雷池一步；子女成年之后，又会以子女之命为自己的意志。

在体质上女性可能会比男性要弱一些，可是意志却不该比男性弱。我国的宪法就规定了男女是平等的，所以说女性也应该同男性是一样的，有着同等的政治权利、劳动权利以及生存权利。要懂得自己来维护自己的权利。只有懂得维护自己合法权利的女性，才会受到别人的尊重。要是你自己都看不起你自己，不敢维护自己合法的权利，一味地软弱无能，那也只能是受人摆布的，这将会使你永远是一个弱者，依附在别人名下。

做温柔的女子，而不要做软弱的女子。温柔不是让你放弃原则、放弃人格，温柔的前提就是坚持原则。向来可以受人尊重的女性都是可以掌握自己命运、敢于坚持原则的女性，这样的她们虽柔但绝不弱。

然而这样的她们为什么就能受到尊重呢？原因就是虽然她们是女性，却从来没有看轻自己，她们会敢于掌握自己的命运，会不甘身居篱下，不甘于人云亦云。她们会勇于动脑筋、想办法，所以她们就成了强者，而且强者总是会受到人们的尊重。

然而，一个人的力量与智慧是非常有局限性的。可是，只要你不软弱对事，依靠法律作为自己的后盾，懂得想办法去维护自己的权利，用你的温柔去征服更多的人，这样，你的身后就是强大的舆论支持与社会支持，于是你就是强者。

女人，不要以弱女子自居。弱女子仅仅会得到好人的怜悯，却总是会遭到坏人的欺侮。

学会在生活和命运中做一个强者，又不失女性的温柔和娴贤，这样的你就会是一个拥有魅力的女性。

女人一向都是软弱的一方，在面对家庭、婚姻、事业、社会等方方面面的时候，会有很多无可奈何的地方。命运，总不会那么的公正，那些不公也是没有办法去埋怨的，但是你可以选择你想要的生活方式是苟延残喘，或者是坚定执着。

面对爱情，女人也不要太过软弱。女人最大的天敌就是软弱，看到如今有女性在哭诉自己的遭遇，哭诉自己的遇人不淑，骂男人的心狠，恨自己当初瞎了眼跟错了人等，仔细想来，可以说那都是软弱惹的祸。

　　有句这样的俗话："人善人欺，马善人骑。"女人，为了自己的尊严也不能软弱，因为软弱的女人更容易遭到一些责任感小的男人的欺负。在这个社会上层出不穷的家庭暴力事件，受害者通常都是女方。这是为什么呢？追根溯源，因为长久对女人的一种"弱"视观念，争吵打架都不是男人的对手。"弱肉强食"这是自然界不变的规律，与男人相比，女人天生是处于弱势的，因此在生活中就会有女人经常受到男人的欺负。

　　从古至今有不少女人都有过这样的经历，在热恋的时候，男人就是激情的动物；到了结婚之后，男人就是冷血动物。男人追求女人的时候，总是使出浑身解数，就像要把女友宠到天上去。可是往往在得到了手之后，就又逐渐地褪去了当初的热情，于是对女人的态度也就开始随便起来，言谈举止也没有什么顾忌了，就好像是自己看上了一件珍宝，买回家之后就束之高阁，再也没有观赏的欲望了。于是女人在受了委屈之后，不是回娘家哭诉就是离家出走，因此，就落下了"一哭二闹三上吊"这样的恶名。实际上，没有哪个女人不想自己是优雅的，居家过日子谁也不愿意天天吵架。可是，蛮横霸道的男人总是不会懂得怜香惜玉，总看自己的老婆有不顺眼的地方，却从来不曾想到老婆的辛苦与付出。实际上，女人的要求并不高，只是想要自己的另一半可以体谅自己，不管受多少累都是心甘情愿的。可惜很多男人都不懂，他们一次次肆无忌惮地伤害着自己最亲密的人，还总是想通过武力让女人屈服，只因为，他们认定了软弱的女人是没有其他可以去的地方了。

　　在家庭暴力面前，有些女人会为了自己的孩子而委曲求全，有些女人为了名声忍辱负重。甚至在男人非常恶狠狠地咒骂女人的时候，女人会为了自尊去自寻短见，这样的方法是最笨也是最傻的。因为这样做不仅于事无补，可能白白地葬送自己最珍贵的生命，还会助长男人的威风，于是就是下一次更猛烈的风暴，受到的伤害也会更加严重。

女人，一定要让自己坚强起来，在伤害面前越挫越勇，昂首向前成为一个坚强独立的女人吧！记得那是为了你自己，做个坚强的女人，给自己一份强大的力量，大胆地追求自己真正的幸福，让不珍惜你的人后悔去吧！相信自己可以给自己带来幸福！

不"完美"，才美

没有人有完美的人生，不可能每个愿望都可以实现。谈起人生恨事，说多也不多说少也不少。张爱玲也不总是那么孤高傲世的，她也有许多的遗憾，她曾感慨此生有"三恨"：一恨鲥鱼多刺，二恨红楼未完，三恨海棠无香。

张爱玲的性格中聚集了一大堆矛盾：她是一个善于将艺术生活化、生活艺术化的享乐主义者；她又是一个孤傲、不合群、对生活充满悲剧感的人；她是贵府小姐，是名门之后，却骄傲地宣称自己是一个自食其力的小市民；她有一颗良善的心，可以洞悉芸芸众生"可笑"背后的"可怜"，但实际生活中，她比谁都寡情冷漠；她通达人情世故，但她自己无论待人穿衣均是我行我素，独标孤高，也不善于与人交往。她在文章里同读者话家常，但刻意保持着距离感，不让其他人看到她的内心；她在四十年代的上海红极一时，一时无人可比，可是几十年后，她在美国隐居不出，过着与世隔绝的生活，不与人交往，她集合如此多矛盾的个性，以至有人说："只有张爱玲才可以同时承受灿烂夺目的喧闹与极度的孤寂。"

有人却认为，鲥鱼味美，不想满足大快朵颐之徒，因而生刺，表示想吃到鲜美的食物，就要记得其中的辛劳；也有人认为未完的《红楼梦》方可与断臂维纳斯媲美，正因其残缺而给人以无限想象和任意推测的空间，为作品本身平添了无穷的魅力，如夕阳如残月如落红如飞絮，自有另外一种永恒不变的美丽；更有人推崇海棠是花中第一珍奇的，其无香是凡夫俗子难以受用和领悟的，它不以香媚俗，因至香而无香，是另一种至高的境界，是清高的极致，它的美已无须香来点缀。

但是张爱玲并不是时时计较这些"恨"事的，她也有看开的时候。"一个人总要走陌生的路，看陌生的风景，听陌生的歌，然后在某个不经意的瞬间，你会发现，原本费尽心机想要忘记的事情真的就这么忘记了。"世事变幻，何必太过执着。

如果张爱玲能以看风景的心态对待她的人生"三恨"，她人生的恨事就不再是恨事了。但再看看我们自己的生活，我们自认为人生的憾事又哪止于"三"。但效仿他人，屈指数来，刻骨铭心的亦有"三恨"，也不过是：一恨尽孝不济，二恨事业未成，三恨教子乏术。面对人生恨事，不要太固执、太执着，换个角度就是难得的美丽，也正是因为没有完美，才让我们有不停追逐的勇气和动力。

假若有一天，我们真的得到或达到了完美，可能会发现完美也就等于乏味。快乐其实在追求完美的过程中，如果强求完美，我们也许会错失更生动的风景。

世上有谁见过绝对完美的人和事物呢？"金无足赤，人无完人"，完美的人或事是根本不存在的。既然不存在，我们就不要去苛求它。苛求完美是一种畸形的心态，表面上看似乎很美很诱人，而实际上是个美丽的陷阱，可能会让我们把精力都用在一些根本达不到的境界上，而忽略了对当下的享受和珍惜。

每个女人都不是完美的，大可不必过分注重自己的形象；不要总把自己的身体缺陷放在心里。每个人都有自己的缺陷，完美无缺的人是不存在的。对自己的缺陷不要念念不忘，其实，人们是不会刻意注意那些缺陷的。只要自己不要太过在意，自我感觉就会更好。

另外还要注意修正理想中的自我。每个人都有自己的理想，都能看到自身的不足并朝着理想努力，这是一个人进步的动力。可是，当期望值过高时，就不可避免要受到打击了，因此应该努力使理想自我的标准贴合现实自我所能做出努力的程度，实事求是。

不完美是自然界一切生物与非生物的一种非常合理的状态，追求完美是不错，苛求完美反受其累。

一个女人最大的幸福是有一个完美的丈夫吗？著名影视明星徐帆在参加一档节目时，有观众曾问她："你丈夫是中国及亚洲最著名的导演之一，他在你心目中是完美的吗？"听到这个问题，徐帆回答道："我不会用完美这个词来描述一个人，一个人，完美了，他就不是一个人，一个人有优点有缺点，才是一个真正意义上的人，没有缺点的人是没有的。"真正喜欢一个人，就不会计较他身上的一些小小的缺点，"人无完人"，何况谁敢说对方身上的一些缺点不是他讨人喜欢的原因呢？

完美是古人眼里的月球，古人观望它，不能到达；完美是今人眼中的北极星，即使科技发展到今天，依然是美好却难以达到的地方。然而，历来人们都追求完美，完美是一种目标，一种追求，一种坚持，它一直鼓励着我们不停地探索，使我们不断向其趋近，但它只是在似近似远中，不能真正得到。德国哲学家尼采曾说："别在平野上停留，也别去爬得太高，打从半高处观看，世界显得最美好。"比起苛求完美，我更欣赏这种"半"的哲学。

"半"是自然界中的一种客观存在，它也有它的美好。"花半开，月半圆，酒半醉"也是文人雅士们极为追求的别样境界。那句"桃花嫣然出篱笑，似开未开最有情"，便将这种"半"的极致之美描摹得入木三分，趣味无尽。可是，世上没有起初便会追求残缺之美的人，选择"半"也往往包含着求全不成的无奈，"半"是对"全"的以小见大，以面见全，是一种豁达的态度。

"半"也是一种处世之道，是一种智慧。在"半"的人生哲学中，做人不满不亏，不偏不倚，做人要低调，做事要高调，符合中华文明儒家文化历来所倡导的"中庸之道"，也成为文人雅士所遵循的为官为人的法则。东坡居士便是一位非常懂得"半"这一哲学真义的人。他官运不顺，遭遇贬谪，在《前赤壁赋》中借"客"之言感叹心中所想，发出"哀吾生之须臾，羡长江之无穷"的话语，将心中的郁闷发泄出来。但接着笔锋一转，他的境界提高了，言道："且夫天地之间，物各有主，苟非吾之所有，虽一毫而莫取，惟江上之清风，与山间之明月，耳得之而为声，目遇之而成色，取之无尽，用之不竭。"由惆怅到豁达，只在一念之间，这是多么大的豪情啊。正应了范仲淹的一句话："士生于世，使其中不自得，将何往而非病？使其中坦然，不以物伤性，将何适而非快？"从这些文人逸士的言语中，我们应该明白，人生于世全然不必太过苛求完美，"半"也是一种很好的处事心态，也是一种至美的境界，大有退一步，即海阔天空，天地任我翱翔之感。又岂是一般的迁客骚人能有的境界呢？

所以，我们没有必要苛求完美，但可以以此为目标来确立我们的奋斗方向。"半"与"全"有着紧密的关系，对"半"的认知，是达成"全"的第一步。当一位记者采访那位徒步行走 100 公里的美国百岁老太太，向她请教她能够走完全程的秘密时，老太太给出了这样的答案："我不知道能走出多远，但我知道我能迈出下一步。"古人便道出这"千里之行，始于足下""不积跬步，无以至千里；不积小流，无以成江海"的道理。"全"靠的是一步一步走出来的，没有这一点点的努力，根本不可能走到终点。

女人一定要对自己好一点，不要把太多的生活压力放在心上，女人永远都有忙不完的家务和生活琐事，不必刻意去追求完美，偶尔也要稍微偷懒一下，没什么了不起。女人一定要学会放下一些琐事，适当给自己安排个假期，出去游玩一番，使自己的心情保持在良好的状态，在轻松惬意中度过美好时光，去更好地面对工作、生活。女人有时太过计较细节，这样会让生活很累，不如放开心胸，随意任性一些。

一位未婚的先生想找一位结婚的对象，于是来到一家婚姻介绍所，走进大门后，迎面见到有两扇门。一扇门上写着：美丽的；另一扇门上写着：不太美丽的。这位先生应该怎样选择呢？

这位先生一番思量后，推开"美丽的"门，迎面又见到两扇门。一扇门上写着：年轻的；另一扇门上写着：不太年轻的。这位先生打定主意选最好的，于是他推开"年轻的"那扇门，不想，迎面又见到两扇门。

一扇门上写着：善良温柔的；另一扇门上写着：不太善良温柔的。

他推开"善良温柔的"门，面前又出现了两扇门。一扇门上写着：有钱的；另一扇门上写着：不太有钱的。

这次他毫不犹豫地推开了"有钱的"那扇门……

如此一路选择下来，他分别推开了美丽的、年轻的、善良温柔的、有钱的、忠诚的、勤劳的、文化程度高的、健康的、具幽默感的九道门。出现在他面前的会是怎样的一个国色天香的人物呢？

当他推开最后一道门时，只见门上写着一行字：您追求的过于完美了，这里已经没有如此完美的人，请您回到街上再去找一找吧。原来他已走到了婚姻所的出口。

读了这个故事，相信每个人都会有感触，这虽然仅是个幽默故事，但它讲的不仅仅是婚姻，也是人生的追求。在这个世界上，十全十美的事和人是不存在的，完美只是人们的一个目标、一个方向和一个憧憬，却不应该成为人对每件事的目标！

哲人说："完美本是毒。"事事追求完美其实是一件痛苦的事，追求完美反而可能掉进沼泽之中。世界上没有完美的人和事，人人都有缺陷，事事都不完美。但是，有一种完美却是可以做到的，叫作"相对完美"，如同月亮的圆和缺，可以令人们保留一种希望和期待！而追求绝对完美的人认为任何事情一旦不完美便毫无价值可言，生活中的种种缺陷便只让他们苦恼不已！不要苛求完美，学会欣赏生活的缺陷美，生活便会变得更加美好，人也会变得更加快乐！

做有个性的女人

张爱玲是一个有个性的人，在感性之外对自己有理性的认识，这种世俗的理性是其他作家少有的。张爱玲有不同于常人的果断与极端，其实她就是把自己的风格发挥到了极致，即她的那种中国女人的心性，她是一个有智慧的女性。

一个女人的个性，或说性格，也许不能让她获得所有的幸福，但是个性，却让她活出真实，活出自我。张爱玲的个性对她的生活不能说全是有益的，但是作为一个作家，她是成功的，她的作品烙着她不可取代的风格。

人的性格的形成很大一部分受家庭的影响，张爱玲也是如此，她的性格的形成有很大的家庭因素。张爱玲出生于清朝没落贵族家庭，父亲思想守旧，吸食鸦片，母亲思想开化，曾到欧洲留学。后父母离异，父亲再婚。家庭本来就重男轻女，她又与继母不合，为此曾被父亲关在黑屋子里一个多月，生病时父亲也不管，险些丧命。在家佣的帮助下才逃到姑姑家得以脱险。童年时的这些经历使她养成了冷漠、孤傲、我行我素而又过分理智的性格。而她的性格也改变了她一生的命运，让她过着不一样的生活，让她的经历也不同。

张爱玲是一个有才华的人，在上中学时就显示了很高的文学天赋，她性格冷僻，少有朋友，不为人注意，但却敢于将描写两位老师的打油诗发表在校报上，一位老师报之以笑，另一位老师对此却揪住不放，直至其在校报上道歉才放手。

张爱玲刚走上文学道路时，她的"出名要趁早"的观点使她锋芒毕露，受到一些人的排斥和责难，夏衍就曾暗示过她，但她依然按自己的心意行事，不为所动。

张爱玲在声名鹊起时，认识了胡兰成，并与其恋爱成婚。胡兰成是一个靠不住的人，他在政治上投靠日本人，在生活作风上风流成性，为世人所不齿。好多好心人包括其姑姑张茂渊和最好的朋友炎樱都曾警示过她，但她不听，她不问政治，认为婚姻与政治无关。胡兰成与张爱玲的结合是他的第三次婚姻。然而，张爱玲对此并不介怀。张爱玲向往婚姻，她曾在小说中对结婚的场面描写过无数次，也幻想过自己的婚礼，但最后却甘心在只有炎樱和姑姑参加的情况下，办了一场最简单不过的婚礼，仅以一纸约订终生。

她的第一次婚姻不到一年，胡兰成就移情别恋。事情发展到这一地步，张爱玲仍对胡兰成抱有一线希望，等待他可以回心转意。可是以胡兰成的性格，她的希望只能一次次被打击，最后破灭。

错误的婚姻葬送了她的前半生。她的绝情比一般人多，她的痴情也比一般人多，尤其是比一般人感情更丰富，对婚姻更充满幻想的少女天才作家，这一打击对她的影响不可谓不致命。她以后的作品再也没有了以前作品的色香味。她痴情的个性让她吃了不少苦，但她坚韧的个性，又使她在那个乱世，独善其身。

张爱玲是一个我行我素的人，她不在意世人的眼光，完全按自己的心意生活。她对人性恶的领悟，不仅表现在作品人物的塑造中，在生活中也使她的处世之道非常理智。她与亲友相处泾渭分明，打碎了姑姑的一块玻璃照价赔偿，与炎樱吃饭也是 AA 制，完全是现代的消费观念。张爱玲是一个非常冷傲的人，她的性格使她在最困难的时候也不肯求救于他人，无论何时都要求自己独立。她的冷傲孤僻的性格决定了她少与人交往，也决定了她身边的朋友不多。一个朋友一条路，尤其在陌生的香港和美国，朋友少就决定了她的工作机会少，这就决定了她的生计困难。但是她不是没有朋友的，只是她不喜欢与人有太多接触而已，真正的朋友是不以见面次数决定关系好坏的。

或许这样的性格成全了她，使她在文坛独树一帜，独放异彩，为我们提供了更多的精神食粮；也或许这样的性格使她一生具有更多的悲凉和无奈，也让她在寂静中创作了一部又一部作品。

个性是一个女人生活中不可或缺的，更是一个有才能的女人不可或缺的。

善良的女人可以鼓励男人，有才华的女人可以吸引男人，美丽的女人可以迷惑男人，有策略的女人可以征服男人。无论个性好坏，首先得有一个个性，而有个性的女人才是真正的女人。

有个性的女人，她会在爱她的男人面前哭泣，虽然凭往日的坚强完全能忍住泪水，但在他面前她不愿意，她敢于把真面目暴露给他看。她要用她盈满泪水的眼睛去看他心急的无助的样子。任他怎样苦口婆心，千求万求，仍要翘着嘴皱着眉，尽管心里早已暗喜。有个性的女人就是这样，在她心爱的男人面前，宁愿做一个无依无靠、没有主见的小女人。她会为一点点小事而哭泣，因为她喜欢依偎在他怀里做委屈柔弱的样子，让他抱紧，让他心痛，让他把世界的中心放在她的身上。

女人要敢于表现自己的个性。其实做一个有个性的女人不是件困难的事，她的喜怒哀乐都写在脸上，只要你认真去观察，学会去哄她、疼她、怜她、爱她。有时你也得在她做错事时批评她，生她的气，让她知道自己也会做错事。不过你得让她有台阶下，不然她真的会和你生气，弄得不可开交。

其实，有个性的女人就是这样，她有时温柔可人、体贴入微；她有时蛮横不讲理，有时又通情达理，让你不知道她为什么变得这样快；有时又口是心非、表里不一。但不管怎样，她都会让你爱让你疼，让你气了之后又让你怜。这是为什么？因为她是有个性的女人。

其实，有个性的女人就是这样，她会让你捉摸不透，让你又是生气又是疼爱；她也会故意捉弄你，得意地看着你掉进她的圈套；她更会小心地呵护着你，怜惜地看着你躺在她的怀抱，让你气不起来，却又深深被她的真性情打动。这是为什么？因为她是有个性的女人，因为她在你面前表现了真我。做一个有个性的女人，方能显示自己的智慧。

有梦想的女人

自带光芒

youmengxiangdenüren

zidaiguangmang

拥有梦想有时候就是一种幸福，女人一样需要梦想，没有梦想就不会有精彩的未来。多少没有梦想的女人迷失了自我，梦想的力量是强大的，张爱玲究竟是怎么看待自己的梦想的呢？无论是自己的写作之梦还是爱情之梦，又是怎么走下去的呢？让梦想成为带着你行走的动力和勇气吧。

youmengxiangdenüren

zidaiguangmang

心怀梦想，光彩自然散发

张爱玲是一个有梦想的女人，她的才情，她的爱情，因为有了梦想才会有不同的精彩世界。任何成就的开始都始于梦想，没有梦想就没有那些活灵活现的任务和生动的故事情节。如今每一个成功的人都曾拥有过自己的梦想，作为女人，应该拥有梦想。

"居家女人进厨房，潇洒女人走四方"。然而，没有梦想的女人不一定就好，有梦想的女人，也不一定就是坏的。女人也要顺应时代的需求，女人自然需要：带得出去，带得回来。

从影视界就能够看出，一个习惯演恶人的演员，在角色进行的时候，不管她的外表是多么的美丽，总会遭到看客们的唾弃。然而我们活着，不就是一部从生到死的演出吗？我们所演绎出来的角色，不会有开拍和暂停休息。然而生活在这个世界上的我们需要在时间的焦距面前，尽可能地活得完美一些。所以说，没有哪个女人天生就是漂亮的，也没有天生就非常聪明的女人。女人的漂亮来自她的内心世界的纯净，女人的聪明，则来自于社会大潮的变化与思考。

谁能说女人就不能拥有自己的追求呢？有自己的梦想，这是一个人非常正常的意念，梦想已经发生在传统思想和反传统思想之间斗争的摇篮与逆境里。

总的来说，女人就应该把自己的位置找准，带着自己的梦想，开创一个属于自己的命运。梦想并不是谁给你的，也不是随口说的，给它一个定位，它就是引领女人进步的动力，而同样，这样的女人才能让男人觉得更有探索的深度，才会更有在乎的价值。

吕雉独掌大权，却将整个汉王朝的经济都带了起来；媚娘称帝，却将大唐的江山都动摇了；玉环破规之恋，却与三郎情唱古今；穆桂英挂帅，也能沙场破敌；花木兰代父从军，也被追封为孝烈将军。讲了这么多女英雄的故事，并不是说女人一定要效仿她们的勇敢，而是要激发那些平均分摊在女人身上的柔软意念，不要求像她们一样的传奇，但女人也要活出自己的尊严。

女人是半边天，要是只能在男人的支撑与庇护之下生活，也就只能被那个高大的身躯挡住阳光，从而就这样被软禁在弱者的阴影里。哭泣并不是女人的特权，可是梦想，却是女人与男人共享的。眼泪换来的就只会是同情，努力与梦想，换来的就会是令人叹为观止的人生。

所以应该说"居家的女人进厨房，潇洒的女人走四方"。梦想，是一个人前进的动力，可以说就是一个生命中必须要有的。一个没有了梦想的人，就如同一副行尸走肉，浑浑噩噩地生存在世界上。

梦想，就是世界得以前进的动力；莱特兄弟就是有了梦想，才制造出了飞机——实现了飞天梦；司马迁因为有了自己的梦想，才写就了《史记》。可以说没有梦想，世界科技的脚步就没办法前进。人应该有自己的梦想，并为之奋斗，为自己的梦想而不断学习，直到实现自己的梦想。

树立起自己的梦想目标之后，就要为之努力奋斗。要是你想成为一名出色的医生，你就应该在医学方面下苦功夫，不是说树立了理想就可以成功了，而是你更要努力地学习知识。

在你实现梦想的途中，请记得不要说出"放弃"这两个字。一旦轻言放弃，你就会失去自己的梦想，失去生存的价值。无论遇到怎样的困难与挫折，请不要放弃。在你想要放弃的时候，就去想想那些为梦想而献身的人吧：居里夫人、司马迁、参加美国西部大开发的拓荒者……这样的话，你就会更加努力了，最终克服困难，渡过难关！

尤其是女人，是需要一些梦想的。梦想的力量，是强大的，在无形之中它可以推动世界科技的发展进程，没有理想，就不会有任何进步；没有理想，也不会有现在方便、发达的生活！拥有梦想，并努力实现它吧，不为什么，只为自己来这世上一回！

坚持梦想就是希望，成长是一个可以宽泛理解的概念，它不仅仅是指在年龄上有所长大。你的心灵真正成长之后就会更能理解很多东西，在女性的每个阶段里，要是真正地成长了，那一定是美好的，你会理解自己的年龄，做自己应该做的事情。

梦想需要坚持！怀着自己的美好梦想，一天天地成长。追梦的脚步也在不停地行走着，我们每个人都是辛苦的追梦者，因为梦想随着我们年龄的增长也在不断地发生着变化。追梦的路途也会非常的遥远、坎坷，没有谁会知道自己的梦想最终会不会实现，但是我们都不会轻易地放弃。

也许在年幼的时候曾经有很多很遥远的梦想，然而这些梦想会随着自己的长大而长大，于是每个人都会逐渐地明白哪些梦想是几乎不可能实现的，面对那些天真美丽却又似乎遥不可及的梦想，要理智地思考，可以将自己的梦想加以适当调整。

其实人生，最可怕的并不是遇到困难，最可怕的就是没有梦想，寻不到通往未来的道路。有了梦想，也不应该就不付出任何的行动。所有的成功与收获，都需要你付出无数辛勤的汗水。正所谓"一分耕耘，一分收获"。只有付出了，才会有所获得。做白日梦，只会让你离自己的梦想更加的遥远。通往梦想的道路永远不会有捷径，需要的是脚踏实地，随时准备好迎接人生中的困难与挑战。

作为一个女人，尤其是现代的女性，独立已经是主打的趋势。然而梦想也要始终存在，没有梦想的人生，会不会太没有价值了？

勇做"白日梦想家"

张爱玲一生都在自己的写作事业中奋斗着，她说："要做的事情总找得出时间和机会；不要做的事情总找得出借口。"是的，在事业上，做事情就应该有自己的梦想，要认认真真地做自己的事情，无论做什么都不要找退缩的借口。

面对事业，是需要有自己的梦想的，因为只要在你的心里面有了目标和梦想，就有了行动的动力，就会获得成功的希望。一个人，有梦想才会有事业。因为有梦想，才会有对极限的挑战，我们才会承受别人不能承受的苦难。追求梦想，我们的人生，才会更加的丰盈美丽。一个人，要是没有了梦想，就好像一片死海没有生命、没有风浪，就算你蓝得再美丽，却也发不出一点声响。

只有人类没有想到的，没有做不到的。很早以前，人们就在想，我们脚下的大地究竟有多厚多深？浩瀚的大海，尽头在哪里？正因为人们有了这些求知的梦想，所以就有了郑和下西洋、哥伦布发现新大陆，最后就有了大地是圆的，周边四万万公里的答案。

如果，人类从来就没有过梦想：像鸟一样去飞翔，从来没有过梦想：地球外边的世界会是什么样的。那么，也许就不会有今天的飞机了，也就不会有加加林登月这样的事情发生了吧？

我们的伟人，我们的先烈，我们的革命者，如果不曾梦想着祖国的解放，应该就不会有我们今天的幸福生活。就是因为，他们坚信着马列主义，对未来有着美好的憧憬，梦想着早日实现解放，才有了我们今天所拥有的一切。

然而那些梦想成真的人，他们的梦想为什么可以腾飞起来呢？也许就是因为，他们有梦想，并且还坚信着自己曾经的梦想，努力地追求着梦想。他们梦想的伟大，也成就了他们的伟大。伟人之所以伟大，原因就是他们曾经有过伟大的梦想。

梦想有多大，事业就会有多大。有个抽象的哲理故事，讲的是两个人，甲和乙，是世上两个最聪明的人。他们的身高、体力、年龄、智慧什么都是一样的，唯独梦想不一样。结果他们的命运、事业，也是大不相同的。

普通一个人的成就，一生大约可以走上十步。甲就立志要走三十步，他说："我的梦想，我想要的一定要是别人的三倍。"乙立志要走上一百步，他这样说："我要让自己走得更远，我的梦想，是在有限的生命里，做出无限的业绩来。"

时年他们二十岁，到了三十岁的那一年乙接到了甲的邀请，与他们曾经的老师、同学、朋友、社会各界人士，一同参加了甲的成就庆典大会。甲当时说："我已经走了三十步，我完成了自己的梦想，我的成就是普通人的三倍，这是多么令人欣喜的事呀！"

乙给甲鼓掌祝贺，同时也在不断地激励着自己："看人家三十岁就实现了梦想，我离自己的目标还很远啊，还需要继续拼搏！我今后一定要更加努力。"乙就这样鞭策着自己，向着自己的梦想继续前进，而且更加勤奋了。

甲荣获了无数的鲜花、掌声，还有崇高的荣誉。受到世界各地、社会各界的邀请。甲把自己的成功，给大家分享着，人们给予他无数的荣耀。

然而岁月的脚步就这样匆匆地走过，到了他们八十岁的那一年，上帝来了。上帝说："人生的时间到了，我要带你们去天堂。你们对人间的一切还有什么愿望吗？"

甲说："我一生的梦想是三十步，结果三十岁就实现了，剩下的漫漫五十年，我一直在享受着成功，鲜花、掌声、荣誉，我拥有了我想要的一切，人生这样就可以了！我没有什么愿望和遗憾了。"

乙说："我一生的梦想是一百步，三十岁时我看到甲已经成功了，而我才走了三十步，离自己的梦想还有一段距离，我就不断地鞭策自己更加努力，直到今天也没有松懈过，如今终于走了八十步，我的梦想还遥不可及，我一生都没有成功过，请上帝再给我点时间，我想我一定可以成功的。"

上帝说："大限已到，谁敢不从，都跟我走吧。"于是甲就带着无限的欣慰，乙就带着无限的沮丧、失望还有遗憾，与上帝一起离开了我们，故事讲到这里就完了。

然而，这个故事给我们留下了非常深远的启迪。谁是成功者呢？真的只是甲吗？虽然乙没有将自己设定的梦想完成，可是他毕竟留下了八十步的成绩，早就已经超过甲了，他才是真正的成功者。可是为什么这么相同的人，会有如此大不同的结果呢？由此可见，一个人的梦想有多大，他的事业就可能有多大。成功的事业，不是轻易就能够满足的，面对事业一定要有梦想。在一个阶段的梦想成功了之后，就要去追寻下一个梦想目标了。

爱情的梦，亦真亦幻

每个女人都应该对爱情抱有梦想，张爱玲曾经在她的作品中这样说："我要你知道，这个世界上有一个人会永远地等着你，无论在什么时候，无论你在什么地方，反正你知道，总会有这样一个人。"

或许每个女人的心里，都存在着一个关于爱情的梦想。

梦想在人海中，就好像是一朵凋零了的花朵，孤单于人群中，那个她爱的人，如童话里的王子一般，穿越人群而来，停留在你的面前，轻轻抚摸着你的额头。那时刻，全世界似乎都暗淡下来，只有对方才是闪亮的星，仿佛只有这样才是完美的。

可是那只是电影中的桥段。若人生也是这样的，只怕故事才只是开始。爱情在进入到各自的生活以后，好像就把那美丽的面纱卸了下来，接下来的柴米油盐中，消磨的只是彼此的耐性还有人品。耐性多的，就会多坚持几年，人品好的，相看相厌平淡遗憾着终老。

爱情是本能，婚姻是本质。在本能中，每个人或许都会下意识地掩饰自己不完美的地方，用自己的优点去讨好和欣赏对方。再进一步地相处，就会失去那种完美的精神。失去光环后的真实就会马上成为带有各样缺点和毛病的本身。

女人在婚姻之外遇见的儒雅风趣的男子，或许在婚姻里不过是一个邋遢无趣的俗物，所以说有时候眼睛看到的，并不一定就是真相，只有亲身经历了才会是最真实的。每个人都有很多个面，在面对不同人的时候表现也是不一样的。你所抱怨的某个男人或是女人，在另一个人的面前或许是另一种样子。你眼里所见的粗心自大狂也许在某个人面前就会变身成细心周到的谦谦君子。一个人眼中的小气自私女，也许在某人面前也会是温柔、善解人意的仙女。这不是善变，只是因为人是不完美的，总有一些缺点。这是爱情的力量，也是卑微之处。爱时，一切都好到无法形容；不爱时，一切都糟到无可容忍。

张爱玲这样认为：男人，不管遇到了白玫瑰还是红玫瑰，其结局都是一样的遗憾。白玫瑰在一起的时间久了，就会变成饭粘子，而红玫瑰时间一久，就会变成苍蝇血。当男人拥有了其中的一种，就总是爱去幻想得不到的另一种，人性的贪念，向来如此，总是会认为得不到的，才是最好的。人所能看到的幸福，都是别人家的，可却偏偏就是看不到自己身边的人和事。

关于爱情的梦想，虽然有这么多的切身悲剧来言传身教，世上却还是少不了愿意为了自己的爱而飞蛾扑火的勇敢女人，愿意赌一场没有结局的输赢，愿意相信自己是个例外。也许现在看来真正完美的爱情只存在于电影、小说中。在现实中，爱情已经不单单只是爱情了。

有的时候，男人总在责怪身边的女人太过势利，为了利益而选择爱上某人。总感慨女人的目光是短浅的，是不清纯的。实际上，如今还会有几个人"不问身后事，只爱眼前人"？爱情当中，相貌、才情、家境、身份，这些统统都是爱情的前奏。就算偶尔有那么个人，不问结果而喜欢上你，你可能也会满心疑惑，不信任地怀疑其会不会另有居心呢。会有几人，在大街上，不知根底的，一眼就会钟情一个陌生人。

生活并不像电影，在电影中男女主人公之所以可以一见倾心，只是导演和编剧的功劳，他们只是不能选择地在其他人的故事里面去秀一场并不真实的恩爱。生活中无论多完美的邂逅，结局也不是可以预料的。不能明确的结果，就多了很多的坎坷和曲折。当爱情遇上现实中的俗事，还能有梦想那样的风花雪月吗？只怕多的都是令人头疼、伤神的难题。

爱情并不是梦想，可是理想中没有沾染世俗的爱情也就只能是梦想。女人可以有梦想，但不要为已经破碎的梦想牵肠挂肚。每个女人都可以有一个完美的爱情梦，但不要长眠不醒。在这俗世中坚持着自己的快乐生活，这才能梦到所谓梦想的爱情。

女人关于爱情的梦想，不要太远，也不要太完美，不要期待得太不切实际。

坚持自己的梦想，让生活多姿多彩

张爱玲曾经这样说过："一般说来，活过半辈子的人，大都有一点真切的生活经验，一点独到的见解。他们从来没想到把它写下来，事过境迁，就此湮没了。"

"青春不是年华，而是心境，青春不是桃面、朱唇、柔膝，而是恢宏的气势、炙热的感情、迷人的想象，青春是生命深泉的涌流，青春气贯长虹，勇气压倒怯懦，进取盖过苟安，岁月有加，衰微只及肌肤，热忱抛却，颓唐必致灵魂。"

虽说人这一生禀性已经不好再改变了，可是如果遇到一个对你一生都会产生影响的人，从某种意义上来说，就会帮助你"优化"你的性格，换句话说就是，那也许就是一种缘分吧。因为这样，朋友们的思想就总会影响到你人生的轨迹，细细地想一想，一路走过的历程，也因为一个梦想，自己的生活有所改变。

人生而平等，不分大小。孟子曰，民贵而君轻。青春不是年华，是一种心境！

在这个城市、这个世界上，每个人都不会是孤独的，都要慢慢地融入这个城市当中，去认知这个城市的文化。有时候，人生就是这样的，在人海当中，能读懂的人又有几个呢，如水平淡的生活，开始有一些"思想"，克服了处境地位上面的劣势，开始睁大眼睛，仔细看到人生的脚步。

因此，永远抱着对生活的梦想，相信就会飞翔！

其实生活就是一张白纸，本来是白净无瑕的，可是并不夺目，虽然有着郁郁葱葱的灵魂，但是它却是要一点颜色的，而这缤纷的感觉只有梦想才可以慷慨给予。

拥有梦想是一件值得庆幸的事情，就是因为生活不能总是平淡的，它需要在追梦的时候体现出自己的价值，同时再选择超越。毕竟，只有追逐得精彩，超越才会更值得期待！然而只要能在生活中战胜自己，就算梦想还是非常遥远，也不会为没有留下飞翔的痕迹而淡淡伤感。

生活的确需要把梦想作为神奇的画笔来丰富这略显苍白的身躯，不然李白就不会高呼"长风破浪会有时，直挂云帆济沧海"。也就是因为他渴望实现梦想，才让一再失意的人生色彩斑斓。这不就是梦想的力量——可以化腐朽为神奇！我们是怎样知道乔丹这个耳熟能详的榜样的呢？是"成为篮球明星"这个小小的种子不经意地萌发了，让一个追梦少年，变成一位对篮球运动恋恋不舍的NBA巨星。于是乎，一张白纸就这样落得令人羡慕，并且是那么的光彩夺目。

生活中，就算是有了梦想也并不是成功，它只是让你的人生之路充满了收获、快乐与阳光。或许它并不能带给我们在物质上的任何享受，可至少能够天天沐浴在阳光之下，因为德莱赛有言在此"梦想是人生的太阳"，而且也应该坚信，这太阳每天都是新的！

还在等什么，做个梦想的守护神吧！要学会追求，学会释放，年轻没有什么是不可以的，不要让深沉困扰我们。生活的样子不应该是白得吓人的，而应该是梦想填满的彩色。它需要梦想，更需要我们为实现梦想倾洒汗水！

　　生活的精彩，完全都功归于一个人的梦想。梦想造就了一个人的人生。很多时候，人们因梦想而活着。你拼了命，都是为了追逐自己的梦想。简单的生活，并不是说把精彩丢掉，而是活着的另一种精彩，简单就是梦想所要追求的。当一个人想要放弃的时候，是梦推了他一把，再次为他撑起另一片美丽的天空。读书的时候也许你会想，长大以后我要找一份好的工作；工作的时候，就会想，我要把我的这份工作做得出色；之后，你就会想要一个稳定的家；再接着，就会想要让家里的人过上富裕的生活。这是非常现实的，谁不希望能过得好一些呢？人们所追求的东西一直都在不断地更新，在充实着自己的生活。就算是残疾的人，有了梦想，生活就会一样的充满色彩。

　　有的人总是沉迷在网络的世界当中，也许是在虚拟的空间里面看到了不一样的惊喜，大多人的思想比较偏重于虚幻的东西，甚至会将虚幻带入到生活当中。所以，人们就开始追求那虚幻的世界，这样就不是在正视现实，是很不可靠的。

　　没有梦想的生活就是虚空的，没有梦想的世界也是非常枯燥的。一些有成就的伟人，不都是心存梦想吗？烦躁的你来自空虚的心，空虚的心来自枯燥的生活。所以，人们想要追求的某种东西，就是梦想。

　　梦想是生命的源泉，失去它生命就会没有任何的意义，要是你有一个梦，你一定要抓紧它，不要把它放走。

　　人生就像是个万花筒，开什么样的花，主要就是取决于花卉的结构；成就什么样的人生，取决于人的意识。因此，核心的问题并不是客观的环境因素，而是自身内在的品质。近山识鸟音，近水知鱼性，拜佛得佛性，求仙幻成真，所以我们只需要有打造精品人生的愿望，就可以在潜移默化之中不知不觉地实现自己的梦想。

　　人生价值观是建立在世界观及生命观基础上，随时调整人生方向的"罗盘"和"指南针"，不一样的价值观就会成就各不相同的人生，人生的千差万别主要是门类繁多的价值观所导致的。耶稣和佛陀的价值观构成了他们神佛的品质，希特勒的价值观成就了他魔的品质，有人从政，有人经商，有人当牧师、法师，有人成了大盗、窃贼，这一切都源于他们不同的价值观。

　　追求一流人品：人是需要有品位的，一流的人品具备了真、善、美、爱、信、诚这些品质，他们是乐观、积极、谦逊、礼貌、干净、整洁的。他们是阳光，总给人带来光明与希望；他们是爱的使者，总会给人们带来很多欢乐与吉祥；他们是非常清澈的小溪，总给人带来清新与活力；他们是大山，总是会给人带来安全和可靠。

当梦想照进现实

　　张爱玲一生为了自己的文学梦，追寻着"只要有梦想装在心上，朝着梦想去飞翔。不怕一切困难和阻挡，一定会如愿以偿"。

　　梦想本身是愉快的，但是现实却总是有缺憾的，天真的梦想在现实面前总是会失败，所以我们就会发现梦想与现实是有距离的。

　　如今，我们为了能够很好地生活不得不首先选择现实，为了自己的明天，我们为了发展依然还会义无反顾地选择现实。现实与理想之间永远都不能一起选择！就好像鱼和熊掌不能兼得一样。它们永远都是具有一定距离的，理想似乎在天上，现实就在眼前。这种距离让人奋斗，想像嫦娥一下就飞到月亮上去，然而现实告诉我们根本是不可能办得到的，我们无可奈何，最终只能仰天长叹了。

　　在小的时候，我们也许会年少轻狂、无知，不知道天高与地厚。"少年不识愁滋味，爱上层楼。爱上层楼，为赋新词强说愁。"或许在每一个小小的心灵里面都有很多的理想——准确地说是比天还大的梦想——并为此狂热过；也许曾在自己的心里面暗暗地发誓，"不到长城非好汉，不到黄河心不甘，不撞南墙不回头"。吹过天大的笑话。可是最后的结果呢？自己不断地长大后，才会逐渐地发现，无论自己再怎么努力奋斗、如何拼搏，也无法实现自己心中的愿望与梦想！其实很多时候所谓梦想都是空想，之后就有了"而今识尽愁滋味，欲说还休"这样的厌倦。

人生在世非常的短暂，"朝如青丝暮成雪"。可是现实与理想有着距离，在理想与现实的生活中，人首先就会作出合理的判断，那就是"存在才是真理"。要选择适合自己生存的环境，要是我们没有办法去选择环境，就只有改变自己来适应，只有这样才可能会好好地活下去；只有珍惜现实的拥有，才能在现实中切实地选择自己的"美好"理想。常言道："天上的十只鸟，当不了手里的一只鸟。"每个拥有自己理想的人，也都为自己那伟大的理想激动过，苦闷过，可是当理想与现实发生了冲突的时候，生活就会逼迫我们不得不选择现实，这个时候就需要我们勇敢地放弃自己原本不合实际的理想。要懂得，我们应该老老实实地做人，勤勤恳恳地做事，脚踏实地地走好目前人生的每一步，因为这样才更有可能更快地接近自己的理想。或许，我们为了梦想而有的冲动会被残酷的现实磨去，正所谓"人到中年万事空"。然而个人的理想只是社会理想的一部分，还有社会价值，有了社会价值，就会体现出自己的价值。所有曾经脱离了社会的个人理想，都会被认为是幻想，或是梦想，这样就很难成真的了。对绝大多数人而言，理想是一种可望而不可即的奢侈品。或许有一天，你就会是一个幸运者，偶然发现其实自己年轻的时候就孕育的理想一直伴随在你的身边成长，就在走过的每一个脚印下面，你的理想已经逐渐地成为如今的现实，只是你以前没有发现它而已！

人生读来就好像是一首诗。它有着自己的韵律还有节奏，也有生长和腐败的内在周期。有不少人为梦想无法实现而感到非常的痛心，其实是没有必要的。在生活当中，真正能实现梦想的人是非常少的，大多数人都已经不再有儿时的梦想。只要认认真真地追求过梦想，认认真真地感受到了生活——有了这样的过程，又何必在意结果呢？我们更应该坦然地面对现实生活。

梦想与现实的距离会永远地存在下去。梦想要变成理想、变成现实，就要与现实社会相结合，脱离了现实的梦想就是空想。所以，确立好自己的梦想就需要根据实际的情况来说，一定不要脱离了现实。

梦想与现实之间的距离一直都会存在，可是路还是要走的。要坚信：顽强的毅力可以征服世界上的每一座山峰，千磨万击还坚韧，任尔东西南北风……

也许，我们忙忙碌碌辛苦了一辈子，到头来依然可能会一事无成；理想总是不来眷顾自己。携手并肩的只有自己的拼搏与努力；现实就是这么的残酷，理想或许永远与自己无缘。但是只要为此奋斗过，也为此而一败涂地过，遍体鳞伤过，到了生命的尽头，我们也就问心无愧了吧！

每个人都正在经历着现实，每个人又都有自己的梦想，梦想与现实之间存在着的是一层隔膜，然而这层膜的差距是这个世界上的痛苦所造成的。当梦想照进了现实之中，应该就是思考人生意义的时候了吧！

"人生在世不称意，明朝散发弄扁舟"的作者李白，一代诗仙抱着"使寰区大定，海县清一"这样的政治理想到达长安，可是换来的就是任文学侍从之职，雄心壮志无法实现。自己的一片丹心就这样被踩在脚底下了，只有自请还山，离开了长安。之后的他就开始游山访仙，痛饮狂歌，借以抒发怀才不遇的忧愤。"长风破浪会有时，直挂云帆济沧海"，然而他并没有放弃自己建功立业、成为非凡人物的理想。安史之乱之后，他认为自己建功立业的机会来了，于是就加入永王李璘的幕府，咏出了

"但用东山谢安石，为君谈笑静胡沙"这样的雄伟诗句。可是梦想始终还是虚无缥缈的，现实依然是没有办法逃避的，梦想还是无法照进现实的。永王军队很快就被唐朝给消灭了，李白也被牵连流放他乡，这时他的人生也就只剩下一场华丽的梦。

梦想给我们带来的往往是最美好的，可是现实却总是会让梦想破碎，让人生留下一场虚无与缥缈——在那些凄美的世界当中，梦想的存在就是衡量自己幸福的标志。可是梦想与现实是不能同时存在的，这就说明了幸福的程度与个人梦想和现实的距离远近之间是成正比的。当身边的人举杯，而自己却在熟睡，遇见沉默的花蕾，花蕾的梦想就像退去的潮水，等着他天真的回答。

梦想就睡在我们的身边，可是我们却没有感觉到它的存在，花蕾的沉默就是意味着它已经不在了。于是就只能祈求上帝不要把自己再带回现实。可是上帝好像在跟每个人唱反调，让人们知道退去的潮水是不会再来的。是雨，就有停下来的时候，而雨水有一天就要流入大海；是雪，就有融化的一天，化为令人垂涎的泉源。所以说停下来并不是永久的，流入也不是一个最终的结束，融化更不是终结。

夜晚，仰望着天空上的星星，看到黑暗与光明的对比。在夜空之下，将自己的渺小和孤独凸显出来。也许这就是梦想与现实之间的差距吧。

不要仰望别人，你的幸福刚刚好

"人生最大的幸福，是发现自己爱的人正好也爱着自己。"这是张爱玲想要表达的女人想要的幸福。女人究竟梦想着什么？怎样才可以让自己感到幸福？女人的梦想同样牵涉着自己的幸福。

一个人一旦没有了梦想，就像一个长途跋涉的旅行者没有了指南针，就会很难到达目的地。

　　每个人都要拥有自己的梦想，女人也不能例外，因为拥有梦想的女人，就像一艘拥有最好船帆的轻舟，可以乘风破浪；拥有梦想的女人，就是一只拥有美丽翅膀的鸿雁，可以自由翱翔；拥有梦想的女人，就如一朵能在四季绽放的玫瑰，可以永远美丽。

　　作为女人，可以没有美好的生活，可是绝不能没有美好的梦想。因为梦想可以在女人天性的浪漫头脑里，给灰色的现实平添一抹最绚丽的粉红底色。

　　就算你的梦想是不切实际的，可是有梦想总归是比没有梦想的好，知道自己将来想干什么总比不知道的好，所以拥有梦想的女人是幸福的！

　　梦想，就是希望，是活着的憧憬，也是一种欲求不得的幸福。在感受到了人情的冷暖与淡薄之后，体味生活中的酸甜苦辣也是另外的一种收获。

　　女人的梦想总是在期待幸福降临。而这种梦想，伴随着女人们度过了一个又一个的春秋。或许每个女人的心底都有着非常美丽的梦想，想要自己是个美丽的女人，拥有一个心爱的他，一个可爱听话的孩子，一个美满的家庭……

　　在这个世界上，在每个女人的心里都有很多梦想！有的或许永远都不能实现，但编织色彩斑斓的梦是女人的本性。有些梦或许永远都不会实现，可是梦醒之后它就会一直回旋在我们的心中，就好像屋角的风铃伴着阵阵轻风喃喃细语。

　　女人是不能没有梦的，没有了梦，也就不会有希望、有生机。身处逆境，面临挑战的时候需要梦。有了梦，就会有足够的力量解困排难、求新求变。一个女人，有了激情有了爱，梦就不会断。有梦想的女人，心永远都不会老，或许梦就是希望……

　　人生需要有健康的梦想，梦想是不存在大小的限制的，从登上珠峰到会做一道一直学不会的菜。就是这样一个个大大小小的梦想串在一起，就可以实现无限的人生。梦想可以给予追求人生意义积极的力量，可以将潜在的能力和天才释放出来，可以让人心避免沉浸于眼前一时的悲伤，能够将命运中劫难的坎都跨过，可以抛开凡俗的纠缠，心怀开阔，海纳百川。心里的梦还有那执着的追求可以赋予一个人无限的魅力，不在于梦想最终的成败，只在于在过程里面体验到的纯净与努力的快乐，如此，最后将会实现一个理想的人生。

女人的幸福梦想差不多都是一样的，这些幸福的梦想主要有：收获幸福的家庭，有一份比较满意的工作，有一对可爱的宝宝，在经济上不要因钱所困。这些幸福梦想真的要实现起来其实并没有那么的容易。可是无论怎样，还是会有一些无论是在哪一方面都幸福圆满的女人，在这中间也蕴藏了关于幸福的几大魔鬼定律。

幸福定律一：越低调越幸福

越低调越幸福，就是说幸福是经不起瞎折腾的，低调的幸福其实就是两个人一起把平常日子过好。两个人深情款款的对视总要有一个人先把目光移开，两个人一起朝着同样的方向努力，可以把日子过得越来越好，因此幸福婚姻的基础就是，两个人必须要有同样的目标。

幸福定律二：爱笑的女人更容易获得幸福

真正幸福的女人，不是说拥有的要比别人都多，而是懂得满足。幸福是经不起拿出来比较的，因为越比较，越不幸。一个人是否满足，可以说都反映在心态上，可以从脸上反射出来。智慧的女人都懂得，人生不如意事十之八九。女人笑了，就是对男人的一种肯定，这比任何的语言都更有效，男人会从女人的微笑中找到自信，而就是这种自信会带给男人更多的事业机会，男人的事业顺利了，自然就会有更大的能力给女人带来幸福。而如今女人的微笑，也的确可以预防婚姻裂痕的出现，一个爱笑的女人，在男人心中是有魅力的。

幸福定律三：越温柔越幸福

幸福的女人是柔而不弱的。在如今的社会当中，一味地软弱是不会获得家中的地位的，而一味地强势，也只能让自己的幸福离自己越来越远，柔而不弱才是最好的选择。所谓柔而不弱就是说不与爱人发生正面的争吵，可是也并不是说要一味地附和，相反很多时候要善于沟通，善于引导对方去感知。只有一个男人在心里面认定了你，才会心甘情愿地为了这个家去付出。

幸福定律四：越独立越幸福

越独立越幸福，在这里不是说女人要强势，而是强调她的独立。这里的独立包括经济上的独立还有思想上的独立，行为上对男人还是有所依赖的，这样不仅没有剥夺男人作为第一性的优越感，也不会造成男人的被轻视感。女人赚多少钱是不重要的，可是女人要去赚钱是非常重要的。男人通常会非常愿意通过自己的能力改善一个女人的生活，可是又不愿意去养一个女人。养一个女人会让男人有一种负重感，可是改善女人的生活就容易让男人产生一种成就感，这里面存在着本质上的不同。

幸福定律五：朋友越多越幸福

要是爱情是两个人的事情，那么婚姻便是两个人与社会之间的事情（包含两个家庭）。一般朋友较多的女人在想问题的时候不会太过极端，这样的女性更容易调节自己。（当然这个多是以质量好为前提的）朋友多的女人会令男人产生一种紧张感，这种紧张感会让男人更想抓住这个女人。一般而言都是女人想抓紧男人，因为大部分女人成家之后就将自己的圈子放弃掉了，放弃了与这个社会的接触与沟通。而智慧女人懂得，给男人吃定心丸也要吃紧心丸，太过安全的生活会造成无价值感，过分的紧张又容易激发矛盾，偶尔的、小小的紧张或吃醋，会成为幸福生活的润滑剂。

4

第四章

经济独立的女人，

你的样子真美

jingjidulidenüren,

nideyangzizhenmei

夏志清给张爱玲的评价是："对于一个研究现代中国文学的人来说，张爱玲该是今日中国最优秀最重要的作家。"对于张爱玲的《金锁记》，夏志清称之为"中国自古以来最伟大的中篇小说"。

　　在张爱玲逃离了父亲的家，投奔母亲时，她的母亲给了她两条路让她选择："要么嫁人，用钱打扮自己；要么用钱来读书。"张爱玲毅然选择了后者。嫁人，依靠男人而生存，失去的是独立的地位，只有读书，让自己学会安身立命的本领，才能在这个世界更好地生活。

jingjidulidenüren,

nideyangzizhenmei

幸福就是选对属于自己的舞台

张爱玲的一生并不是非常幸运的，总体来说还是有很多的不幸：她的家庭不幸福，爱情也不能算如意，最终还孤独终老。但是她取得了别人比不了的文学上的成就。

张爱玲，她的名字她自己也觉得不好听，却曾创造了战乱纷纭中20世纪40年代中国文坛的奇迹，成为现代中国知名度最高的作家之一。可也有人说："奇迹在中国不算稀奇，可是都没有好收场。"张爱玲的结尾算不算是好收场，谁都不能轻易给出答案。

她创造了一个奇异的文学意象中的末世世界，里面有关于家族与民族太多的回忆，像重重叠叠复印的照片，是错综复杂的身世背景。家传的首饰，出嫁时的花袄，言说着沧海桑田、浮生若梦的历史谶语；在阴阳交界的边缘上，感受着历史隧道里古墓式的清凉，虚眯着眼睛看着阳光，却走不进这光芒里去，繁华已逝，谁能再将它唤回。华丽而苍凉的感觉，华丽而衰败的布景，这是挽歌里的末世，张爱玲就生活在这样一个没落的贵族家庭。

她历经坎坷，但她对艺术的追求从来没有停止，她描绘了一个又一个传奇的故事，但是她自己虽出身官至九鼎的显赫世家，最钟情的却是最平民、最世俗的苦乐人生。

她把女性化的眼光堂皇地介绍进文学世界，她写女人的悲欢离合，写女人的美和恶。她在新旧中国的阴阳边界上，在新旧中国交织的屏幕背景上为我们活现了一群女奴的群像。有人言："鲁迅之后有她，她是一个伟大的'寻求者'。"她寻求的是女奴时代谢幕以后女性角色的归宿所在，她以对过往深深否定的方式表达着她对明天深深的渴望。她笔下的女人，整日担忧着最后一些资本——20岁到30岁的青春——怎样一次次转账以增值，这样充满了死气的骨子里的贫血，张爱玲为之疲乏、厌倦。她充满渴望地揭开未来幽暗的一角，揭幕所见有难抑的失望，又有不调和中的调和。谢幕后的女人们，新旧交替中失措的女人们，何处是归程，爱玲温情而苛刻地期待着。张爱玲用她的智慧和才华探索着中国的时代和这个时代中女人的生活状态。

张爱玲几经漂泊，但她的根永远扎在她生长的园地土壤中。正如她自己所言：文人是园里的一棵树，不管她如何茁壮地生长，也不管周遭的气候土壤，随日月风化而变幻迁移，她依旧、她愿意，永远是那园子里的一棵树，根深蒂固地牢牢稳稳地在那里。这个园子，就是上海，在上海，张爱玲出了名，更是全心全意投入到文学创作中。

张爱玲离我们是近的，在喜欢她的人心中，她永远是有生命力和感染力的。她说：中国人说话，但凡有一句适当的成语可用，中国人是不肯直接说话的。但是，现在有时候也真没有办法，有那么多的人说话找不到贴切的词时，宁愿借用张爱玲的言语，引一句，用上去，稳稳的，妥帖的，再合适不过。因为所引的话正是切中了人生底蕴中最关切的地方。因为张爱玲的艺术追求到了人性最真的部分。

从张爱玲的经历，我们可以看出，女人可以追求艺术，可以以艺术为生，可以在艺术中创造自己的价值。现代人生活忙碌，人们都被生活压力追赶着步伐，每跨出一步都在喘息。但不是所有人都为金钱而忙碌，还有许多人为理想为艺术而执着，女人也可以为了追求艺术，过一种不同的生活。

有一个故事的女主人公就是一个热爱艺术、追求艺术的人。她的名字叫佩儿，朋友逗趣地叫她"珍珠"。她个子娇小玲珑，披着一头天然棕色的直发，散发出一种独特的气质，这气质来自她从小对艺术的执着，对梦想的追求，艺术让她成为一个不一样的人。

佩儿喜爱音乐，她第一次对乐器感兴趣还是在儿时，那是在看了中国香港儿童节目《闪电传真机》之后。节目中介绍了鲜为人知的乐器——非洲鼓，从此，玩非洲鼓便成了她深埋在记忆里的梦想。非洲鼓最吸引她的地方是什么呢？她的答案是："让人感到很自由自在，活蹦乱跳地拍打那个漂亮的鼓，边打边大叫大笑，像野人一样快活，无拘无束。"

在一般工薪家庭长大的她，并不是像别家小孩那样，三四岁便有机会学习乐器。父母亲都是工人，没有培养儿女发展兴趣的意识，她儿时并没有接受音乐方面的培养。佩儿从钢琴开始接触乐器，那时已在念高二。面对即将毕业和升大学的压力，她丝毫不觉得抽空练琴是负担，反而认为弹钢琴是减轻学习压力的好方法，她紧紧地抓住了这个学习的机会。音乐对她来说是一种休息，让她的头脑更清晰；音乐对她来说也是一种激情，让她的生命燃烧。然而，在不懈的努力下，也会遇到瓶颈。娇小玲珑的她，拥有一双小小的巧手，而正因为手指小巧，即使她使劲撑开拇指和小指，都不能弹奏音域较广的曲子。对她来说，挡在前路的是无法改变的"身体不足"。她对自己失望了，认为成为快乐来源的艺术生活将要破灭。

幸运的是，就在这时候，她遇到一位良师。这位教会里的良师知道她要放弃，由衷地告诉她："如果你要放弃是因为这个理由，我会很心痛。"老师伸开手掌，贴在她的手掌上，她惊讶地发现，眼前这位她欣赏、敬重的老师，手指竟然和她一样短，而他弹奏的乐曲是如此美妙。她深深地被打动，决定更用心、更勤奋地练琴，也相信自己一定可以成功。

一次偶然的机遇使佩儿参加了她人生的第一次钢琴比赛。腼腆、内向的她，以前从不敢在别人面前弹琴，更别说参加在众人炯炯目光关注下的钢琴比赛。为了克服自己的弱点，她竟然挑选了一首从来不敢弹的复杂曲子，她想挑战自己。可想而知，演奏过程是有遗憾的，这遗憾使她离开赛场后就躲了起来，不愿意面对结果。但是结果揭晓后，朋友们焦急地到处找她，因为，她获得了第一届亚洲钢琴公开比赛儿童组的冠军，她成功了。知道这个消息，她喜极而泣。"遗憾"使她战胜了弱点，而她也战胜了这个"遗憾"。

自钢琴比赛之后，佩儿更加了解自己的不足，她认为过去只是想把旋律演奏得尽善尽美，太过重视技巧，却因为投入的感情薄弱，弹出的乐曲缺乏生命。在一出名为《一屋宝贝》的戏剧里，她被故事和人物的情感所感动，也从这里受到启发：希望从剧场里调节感情的浓度，与音乐融合在一起。

　　后来，她进入澳门演艺学院学习戏剧，原本有点缺乏自信的她，看见班内同学都有表演戏剧的经验，更觉得自己没有一点可取之处。但是，她下定决心好好学习。一年下来，她克服了很多心理障碍，在人前说话、表现，已没有多大困难。但依然与其他人有一定的差距。校长也感到困惑，他对佩儿说：所有人都看到了你的进步，但你进步之后，才达到别人的起点。听到这句话，佩儿曾经感到很沮丧，但是她没有灰心。

　　有人问她："这么有挫败感，为什么你还能坚持呢？"她毫不犹疑地说："因为热爱。平时上班的同事虽然时常见面，但各有各的生活追求而未必有共同目标。然而，在排戏的过程中，大家再辛苦，也会互相扶持，即使练习得手脚酸痛，也是快乐的磨炼。我热爱这种精神。"她喜爱剧场，她说："剧场带来的那份感动，要化为行动，得益才属于自己的，继而才能感染他人。"

　　很多人在辉煌的成就下，不懂得享受名利以外的真正快乐；而有人即使没有名利，一样可以快乐。佩儿就是这样，纵然她在剧场里没有多么突出的成就，但她已经完完全全融入演艺的快乐之中。而且值得高兴的事并不止于此，在不知不觉中，她离曾经的梦想越来越近。当佩儿接触了更多从事艺术的人士以后，得知中国澳门文化中心开办"艺术'身'体验"工作坊，其中有非洲鼓的课程，佩儿毅然报名参加了这个课程。她从前没有体验过的梦想成真的时刻，现在终于来临了。

　　原来非洲鼓也有固定的节拍，不是小时候她想象的那样胡乱拍打就行了，要学非洲鼓并不是一件简单的事。初学时，她以为自己有乐理底子，可以学得比较好。她把所有节拍在脑中化成音符，四分音符、八分音符、十六分音符的组合，却想不到怎样做都做得不好，比起其他人来就更不理想。看到她的困境，来自墨西哥的老师告诉她，非洲鼓的节拍，只要"听"就能感受到。她恍然大悟，她当初喜欢非洲鼓，不就是因为它自由吗？后来怎么会被所谓的乐理知识束缚呢？就像有一次，有个老师知道她学过钢琴，请她来试弹。可是她长期以来接受的教育和训练，养成了一定要看着乐谱弹奏乐曲的习惯，没有了乐谱，她连儿歌也弹不出来，如此一来，竟然酿成了冷场。而那位老师一抬手随便就能奏出轻快的小调。她深深地体会到，西方的教育从来没有那种规范的框架，连弹琴也可以不看谱，把自己整个灵魂都融化在旋律中。因为墨西哥老师的提醒，她对东西方的文化差异有了更深的了解，也想到提高自己的方法。

透过非洲鼓作媒介，佩儿的音乐感知更上了一层境界，她终于敢于把丰富的感情释放出来。老师在中国澳门居住了一段时间，察觉到中国的孩子会刻意收敛自己的情感，无法自然流露。他在学生面前演绎两个不同的非洲鼓表演者，一个节拍十分规范，但没有感情色彩的投入；另一个则开怀地唱歌跳舞，虽然节拍并不那么紧凑。但最后的结果却是后一种更能打动人心，她回忆说："效果显而易见，后者让你体验整个表演过程，使人产生共鸣。"

佩儿回忆起她整个学习音乐的过程，最初学习钢琴，以为学习是追求技巧，以为练好《肖邦圆舞曲》就会快乐，现在发现，其实远不如返璞归真，弹一首民歌或流行曲那么快乐。快乐就在于，不是为学而学，而是为喜爱而学。她的追求不会随着非洲鼓课程的结束而结束，这个结束只是另一个起点。她的梦想飞得更远：学习书法、国画、街舞、形体、小提琴、拉丁舞、视唱……艺术领域不是一个一个孤立存在的，它们可以互相影响、互相包容、互相渗透以至相映生辉，真正懂得了一门艺术，就会懂得所有的艺术，也会热爱所有的艺术。即使不是在每个领域里都很杰出，但她确实活在艺术梦想里，活出了自己的光彩，艺术让佩儿感受到的快乐很多很多。

有人认为艺术离生活很远，离女人的生活更远，总有那么一群人，在为追寻梦想而不懈努力，其中也有无数的女性朋友。她们的执着有时不被理解，人们认为她们在浪费时间，在做白日梦。但是有梦想的人，心思总是缜密的，她们从独特的角度看到世界的美好，享受着生活里独特的快乐。佩儿说："我不介意在追梦的过程中，付出多少时间、多少金钱、多少精力，因为除了吃喝、穿衣、睡觉以外，我还有不一样的生活。"追求艺术，虽然是一时冲动，但艺术创作本来靠的就是冲动。女人可以在追求艺术的道路上，活出更自由的自己。

职场丽人，干得漂亮才能活得漂亮

张爱玲与上海和香港都有着联系，她成长于上海租界，在香港求学并经历了港战。20世纪三四十年代的上海和香港，是当时中国最为殖民化的地区，最腐朽的封建礼仪与最先进的资本主义物质文明同时并存。这里既是中国现代化的窗口，也是传统中国文明和现代西洋文明对立、竞争、融合之场所，同时也是中西文化相碰撞、相交会的场所。她与生俱来的贵族气息和自小与外界隔绝的生活环境使她与大众有了距离，后来的窘迫生活又使她接近了大众；名门氏族的生活与教育丰富了她又抛弃了她，市井生活自由却已不能完全被她接受——她一直是个边缘人，一直是一个以自我的方式追求独立的人。

这种身不由己的生存处境使她过早地接近了生活的本体，并使她获得了介乎两者之间的独特感受。让她认识到只有自身经济独立，才能在世上生存。

整个中国都处在抗日的烽火中，只有像张爱玲这样处在敌占区的都市，经济独立、有人身"自由"的中产阶级知识分子，作为清醒的观察者，才能用笔记录下那个时代的背景和背景前上演的故事。她感悟着乱世，并依靠着自己的才能，将这份感悟写成文字，让自己拥有了一份事业，也让自己保持经济上的独立。

女性的独立首先要是经济上的独立。无论在人格上，还是经济上，张爱玲无疑是独立的，她靠自己的笔来谋取生活，她用自己的才华为自己换得一个安身立命的机会。在经济上她是锱铢必较，即使是与自己最亲、朝夕相处的姑姑也一样。难怪姑姑要说她是个财迷。其实张爱玲的这种斤斤计较是标明自己独立的一种姿态，她不依靠任何人，不占任何人丁点便宜。这是一种经济独立，也是一种人格独立，这种独立精神融进她的小说创作，但在她所刻画的女性形象中，更多的是表现为一种抗争意识，真正能独立的很少。由此可见，在那个年代，一个单身的女性想在经济上完全独立，需要多么勇敢。

张爱玲不喜欢女人把自己的过错推给社会、环境和男人，她不喜欢女人的不负责任。女人都不能养活自己，有什么权利把错推给别人。她认为如果女人只关心"美"啊，"容"啊，"衣"啊，只表现女人的小性儿和姜妇之道，就别怪男人不爱她们，轻视她们。如果女人因为社会险恶，做职业女人很辛劳，只希望待在家里安享舒适，一点也不愿出去做事，甘愿依附于别人生存，就别怪自己没有地位，不被人尊敬。她批判女人总是希望被男人照顾，把自己当成弱者的习惯。她反对女人以爱为职业，而且女人把爱理解为"被爱"。她认为："家庭妇女有些只知道打扮的，跟妓女其实也没有什么不同。"这句话虽然说得尖刻，但也是为了警醒女人。

女人总是更在乎自己的外貌、穿着和打扮，而对于自己的智慧和修养就不是那么重视，这全是女人的习惯和偷懒。张爱玲主张女人有一份自己的职业。为了照顾孩子和家庭，可以选择时间短、工作轻的职业，但只有做职业妇女才能使女人走上独立的道路，在离开男人的时候可以理直气壮，可以不向男人伸手要钱。张爱玲说："用别人的钱，即使是父母的遗产，也不如用自己赚来的钱来得自由自在，良心上非常痛快。"而且独立的女人会让男人更欣赏。

女人依靠婚姻本来就是不可靠的，张爱玲认为，现代的婚姻制度是不健全的，男人是容易变心的，如果一个女人想有尊严地、没有后顾之忧地生活，就应该成为一个职业妇女，至少有一份固定的收入。那样的话，如果男人要想离开你，你就不会走投无路，束手无策，也不会低人一等。在现代社会，做一个自食其力的、独立的、自己掌握自己命运的女人完全是有可能的，就看你愿不愿意，虽然有时辛苦了点，但人却是自主的。

张爱玲的婚姻不是幸运的，但她一辈子自食其力，虽然苦了点，但她是自由的。特别是在美国，由于种族和语言的关系，她的书不畅销，收入时有时无，她的日子过得紧张，生计成为最严重的威胁。为了生存，她给电台翻译文章，去大学的研究所任职，赶到台湾写作规定的剧本。由于写作时间过长，她的眼睛出血，身体出现了各种病症，但她仍坚持工作。她不仅养活了自己，还养活了瘫痪在床的丈夫赖雅。她一生都在不停地工作，直到再也拿不起笔来。不多的稿费使她终身过着有尊严的生活，成为一个自由自主的女性，也让她获得了许多人都得不到的名望和文学成就。

女人要独立，并不是说女人就要做一个女权主义者。张爱玲追求完全的独立，但她不是一个女权主义者。赖雅非常欣赏张爱玲的独立精神和非凡才华，认为她是最有魅力的东方女子。张爱玲虽然没有标榜过自己是女性主义者，但她一生的追求正是女性解放的典范。在她那个时代，女学生读书是为了提高身价，嫁一个上流社会的人。她在中学毕业时的一个测试表中曾写道：最恨"一个有天才的女人忽然结婚"，她恨女人总是愿意嫁一个好丈夫，而不是发挥她的才能，这是浪费她的天才。她要好且有才的女同学张如瑾就是如此。张爱玲的志向是发展她的天才，成为最有名气的人。发挥才华最能体现人的价值，可以通过它实现自我，婚姻却值得怀疑，所以她一直专心于追求精神生活。中学时，她刻苦学习，以优异成绩考取英国伦敦大学，因为战事，她没有实现去英读书的愿望，只好转去中国香港。在香港大学，她勤奋好学，门门功课第一，她的理想是将来到英国读博士，她的优异成绩使她很可能被保送到英国去，但战争使她的理想不能实现，她只能回到上海。回到上海摆在她面前的路只有一条，找一个养活自己的生计，而她擅长的只有写作，而这也是她的理想。于是，她开始伏案写作，不想一举成名，成为上海炙手可热的作家。与胡兰成恋爱后，胡兰成已有家室，她也没有想过结婚。后来胡兰成离婚，她嫁给了胡兰成，但结婚对她并没有丝毫改变，她还是一如既往地写作。她从来没有想过放弃自己的职业，她生活的唯一目标是发展她的天才，而发展天才的途径就是写作，所以没有什么事能改变这一点，不管在什么时候，什么地方，这是她一生的生活方式。而写作也给了她回报，让她有独立的经济基础。

在张爱玲的思想观念中，没有"依附"二字，在她一生的所作所为中，也没有"依附"二字。在家中时，她逃离了父亲的不公待遇。她一生结过两次婚，第一次与胡兰成，第二次与美国作家赖雅。她的两次婚姻都谈不上美满，但却是因为爱，因为"于千万人之中遇见你所遇见的人，于千万年之中，时间的无涯的荒野里，没有早一步，也没有晚一步，刚巧赶上了，那也没有别的话可说"。她是为了去爱而结婚的，不是为了找一个依赖。她的第一次婚姻，是不幸的婚姻，结婚不到一年，丈夫就背叛她，与一个年轻貌美的护士同居，对于胡兰成的变心，她在思想上是有准备的，她读过古今中外那么多书，对人性的弱点有充分的了解，但在现实生活中发生在自己身上，她依然痛苦万分，难以接受这个事实，但是最后，伤心的张爱玲还是以离婚的方式结束了这场不幸的婚姻。她曾经在《借银灯》中写到，男人发现女人不忠，"他打了她一个嘴巴。她没有开口说一句话的余地，就被'休'掉了。丈夫在外面有越轨的行为，他的妻是否有权利学他的榜样？""女太太若是认真那么做去，她自己太不上算，在理论上或许有这权利，可是有些权利还是备而不用的好"。张爱玲不是那些女太太们，她的骄傲、她的才华让她可以在心痛之后，抽身而去。她不靠男人养活，为了尊严她可以离开男人，就算她走投无路，她也不会向男人乞求。事实上她从没有花过胡兰成的钱，倒是胡兰成靠她的稿费渡过了逃难生活。直到张爱玲已经决定与他分手，还把最后一笔稿费寄给他，直到他完全安全以后。

她的第二次婚姻也很不完满，她嫁给了一个比自己大近三十岁的男人，一个可以给她温暖的人。她说："我们很接近，一句话还没说完，已经觉得多余。"但婚后五年，丈夫就瘫痪在床，他不能工作，没有经济来源，生活的重担全部压在张爱玲的肩上，全靠她的稿费养活两个人。在一段很长的时间里，她处于生存的重压下，日子过得非常拮据，每一分钱都要计划着来用。她曾给刘绍铭写信这样描述她的心境："不管我多小心照顾自己，体重还是不断减轻。这是前途未明，忧心如焚的结果。你和你的朋友虽常为我解忧，但情况一样难见好转。"老年的她非常清贫，好在："除日常必需品，再无其他开支。"她至死都在工作，享受着自由的快乐。她可以老，可以孤独，但她不能没有自己热爱的写作。

张爱玲的人生观、价值观很大程度上受母亲和姑姑的影响，这两位女性是她的导师。张爱玲的母亲是首任长江水师提督黄军门黄翼升的孙女，母亲是农家女出身，她是庶出，她曾裹过脚，是在旧式环境中长大的女人，但她却接受了新式思想，成为一个新派女人。她接受西方思想，个性开放，对于嫁给一个遗少很不满意。结婚不久，丈夫毫无上进之心，沉溺在大烟之中，她无法接受，决定出国留学。她远走法国四年，在法国学习音乐、绘画，受了法国自由主义思想和妇女解放的影响，回国两年后与志趣不投的丈夫离婚，独自去了英国，到死一直生活在国外，过着独立自主的生活。20 世纪 20 年代的女人，特别是旧世家的女人，都在忍受着丈夫的妻妾成群，以丈夫的准绳为准绳，但是张爱玲的母亲和她们不同，她要求夫妻之间的情爱平等，这在那个时代是很了不起的思想。这个有着七寸金莲的女人，却有一颗勇敢的心，她靠着这七寸金莲勇敢地踏上新世界，她去过法国、英国、新加坡、印度等国，她学过音乐、绘画，她做过生意，当过翻译，教过书，生活道路虽然有诸多曲折，其中必然有许多艰苦，但她从没有屈服过。曾经有人劝她回国，她冷淡地拒绝了，因为在国外她能做一个独立自由的人，而在旧中国她只能扮演一个被条条规矩禁锢的女人。

张爱玲的姑姑也是一个经济独立的妇女，一直独身，直到 75 岁才和自己相爱的人结婚。张爱玲很佩服、敬重自己的母亲和姑姑，她们是她的榜样和引路人，有了这样的家庭环境和精神指导，张爱玲的观念很西化，思想很解放，她从来没有想过把自己的生命自由放在另一个人的手里，她要主导自己的命运，自己养活自己。所以她的作品一向提倡妇女解放，喜欢张扬、自由、个性化的女人，如小说中的娇蕊、流苏。她提倡女子勇敢地走职业女性的道路，开创自己的生活，《十八春》中的曼桢是她投入精力最多的一个女性形象，她立意通过描写这样的女性传达她的女性观点。她认为，职业女性的道路不管多么艰难，也要坚持下去，而如果有更多的女性有了这个认识，女人会有一个美好的未来。一个女人，只有经济独立，才谈得上自尊、自爱，独立、自由。

张爱玲努力工作、奋斗，就是为了使自己成为一个在经济上独立的人。自食其力其实就是她一生的理想和奋斗目标。从这一点来说，她是一个标准的女权主义者。从她写作的内容看，她同情弱势群体，关心女性问题，也算得上是中国最早的温和的女权主义者了。但她从没有激烈的言论，因为她对旧中国的历史太了解，她知道只靠舆论并不能使女性得到解放，让女性有一个自由而坚强的性格也不是一天两天就能完成的事业，女性的变化更是需要假以时日。但她做到了自身的解放，也通过作品传达了自己的思想。在现代，女性有了争取自身经济独立的条件，如果不能珍惜，真是太浪费了。

女人要做什么样的人，全靠自己的选择。如果想做一个独立、自由、有尊严的人，六十年前，甚至一百年前就可以做到，如医生金雅妹——

中国第一位女留学生，第一所公立护士学校北洋女医学堂的创办人。如果想做一个不劳而获的寄生虫，即使在现代社会也随处可见。

女人一定要在经济上独立，现实生活里，我们都有着不同的生活方式，每个人对生活的期望也不一样，但大多数人都是每天过着朝八晚五的生活。女人是一种最简单的动物，有时候懒得，甚至她不愿意去思考。她依赖性极强，只要是她爱的人，她愿意把她的一切都付出。她可以每天围着他爱的男人，和她的孩子打转，不在乎外部的世界。慢慢地，在她不经意间，已转变成一位家庭主妇，没有工作，没有理想，没有收入，家庭成为她最后的依靠。如果遇到婚姻变故，对女人的打击可想而知。女人为了男人的事业，在家做个全职太太，失去了自己的工作，没有了经济来源，只能依靠男人。

但是依靠另一个人生活，是不可能百分之百可靠的。男人会慢慢地嫌弃你，认为你不再是他想要的那个女人，他也不再需要现在这样的一个你。不是生活毁了女人而是女人自己败给了自己，是自己亲手埋葬了自己。所以，女人要学会独立，不要整天只围着老公孩子厨房转。首先要经济独立，哪怕是嫁给了一个百万富翁，也要有自己谋生的技能，不仅是为了金钱，也是让女人与这个真实的社会接触，让女人丰富自己的生活，并随着社会不断更新自己的能量。所以，女人要有自己的生活方式，要学会充实自己，这样，你会觉得自己富有魅力。钱赚多少无关紧要，只要证明给男人看。不是每个男人都喜欢全职太太，哪个男人喜欢天天向他拿钱的人，时间久了他也会觉得烦的。经济独立是女性的一个态度，是她独立面对社会的能力。

女人可以不聪明，但一定要在做事的时候学会理智处理，以婚姻为依靠本来就是不正确的想法。世界每分每秒都在变，谁能有百分百的把握说现在你所依靠的男人，能让你依靠一辈子。不要到剩下只有自己的时候才发现，自己什么也做不了。那样就太悲哀了。男人可以是女人的精神支柱，但是不能让他成为自己的经济支柱。除了自己，没有人能保证可以照顾你一辈子。

其实，经济独立没什么不好的，给自己一个空间去展示自己的价值，这也不是多么困难的事。所以女人无论是经济上还是精神上都要学会独立。不要太过依赖别人，学会自主。尽管这样的生活可能会辛苦很多，但是付出总会有收获，没有几个人是上帝的宠儿，可以永远地不劳而获。

一个女人最大的人格魅力，是她拥有自己的经济权，取得自己的经济独立。一个女人要有上进心和独立性，上学好好读书，毕业了努力工作，不依赖父母，不依靠丈夫，也不依靠儿女。这就是做女人的最大价值。

作为女人，不能凭借青春，浪费岁月。应该问问自己，自己能年轻多久？可以无忧无虑多久？女性有比较重的依赖心理，有时候我们该思考，如果有一天发生意外状况，我有没有能力自给自足？我能不能活得更有价值？

如果女人懂得经济独立，人生就是你的。女人无法在厨房中要求独立，学会理财才是追求独立自主的基础。现在，时代变了，要做成功的女人，就要走出厨房，走出情场，走到商场，不断锻炼自己的能力，增长个人才干，让自己的人生更丰富充实。

拥有金钱是女人的资本之一，不要掩饰对金钱的喜爱和追求。对富裕生活的向往是人性的自然反应，每个人都有权利去获得财富。正视自己对财富的需要，订立一个金钱目标，有助于你积聚财富，女人可以爱钱财，但一定要自己有才能去赚钱。

女人一定要有谋生的手段，不能没有经济来源。《圣经》里说：不要太贫穷，否则会丢了神的脸。脑袋决定了你的口袋，口袋里的自由决定了你一生的幸福。也决定了你脸上的笑容。即使婚姻幸福的女人，也不能依赖男人处理所有的现实问题。女性在职场，普遍比男性处于劣势，所以女性要更加努力。把握自己的人生，从经济独立开始。

对于征服这个世界，女人没有太大的野心，女人总是习惯性地把精力放在家庭上。相较于男性，女人经济独立得晚，其实，女人如果尽早经济独立，为没有依赖的日子做好准备，命运完全可以掌握在自己手中。

女人要青春，要美丽，更要有钱才会幸福。若从来不替自己的未来生活做打算，是很危险的。聪明女人寻求的是一个温馨和充满关怀的伴侣，而不是"长期饭票"。女性必须认识到，白马王子早在 50 年代就绝迹了，而且职场不完全是一个公平竞争的地方，女人需要有打拼的勇气和能力。如果女人完全依赖别人，可能会导致个人健康和财富的损失。女人在职场上的作用越来越大，女人有自己擅长的方面，在职场中，女人一样可以成功，获得成就感。

女人应该尽早开始投资和储蓄，起步越早，成功的机会越大。越年轻开始充实这方面的常识就越有利。在能力范围内放弃一部分物质享受，学习精打细算，为未来做准备。不甘于贫穷才能有机会拥有真正的自由。当然，绝对不可以为了金钱而不择手段。女人学会理财，不是计较金钱，而是让自己在金钱面前更自由，更有主导权。

有些女性认为，经济独立是男人的事，女人就应该以家庭为重；也有些女性害怕自己太能干而讨不了男人的欢心。但现实生活的许多例子是：懂得经济规划的夫妇，婚姻比较幸福；会理财的妻子也比较能够得到丈夫的欢心；一个有独立个性，有独立经济能力的妻子更能让家庭幸福。

早在一个世纪前，鲁迅先生就告诫人们：人只有活着，爱才有所附丽。人们需要有生存的本领，才能将爱烘托起来。青春期为爱不顾一切时，老祖母摇着头叹息：贫贱夫妻百事哀啊！等我们长大成人，终于拿到第一笔薪水时方才明白，他们说的其实都是一个理：金钱虽不是万能的，但没有金钱却是万万不能的。整天为钱而犯愁的女人，她不能算得上美丽的女人，更不是幸福的女人。一个优秀的女人应该做金钱的主人，虽然不必达到买东西不问价钱的境界，但至少得有能力养活自己。每个人都要独面这个社会，生存能力，是人的根本，对女人也是一样。

那么如何养活自己呢？如何做到经济独立呢？女人要走和男人一样的道路吗？

前段时间，韩国电视剧《火花》，说的就是一个"嫁得好"的故事：年轻美貌的女编剧，令人艳羡地嫁入豪门，却从此生活在极度的压抑、焦虑和孤独中，金钱的享受的背后是不能忍受的精神折磨。她的全部不幸都在告诉人们，钱再多，如果不是自己赚来的，根本没有花不花的自由、花在谁身上的自由及做自己喜欢的事情的自由——"嫁得好"如果没有稳固的"干得好"来支撑，就如沙滩上建高楼，稍有风吹草动就会立刻坍塌。女性要经济独立，是一种精神力量，是一种生存状态，是内心的力量。

然而，在竞争激烈的现代社会，想要"干得好"也绝非易事，一个女性在职场中如何才算干得好？爬上了企业的高管就算干得好？一辈子兢兢业业地做好分内的工作就是干得不好？其实，好与坏没有明确的界线，干得好与不好，不是指职位的高低，而是指你能否用这个技能来换取你一生的物质需要，让生活过得舒服。

A 和 B 两位女性，她们同时应聘到某国有垄断企业。A 有斗志，不顾一切地拼命打拼，业绩越来越好，很快成为企业的财务总监。而 B 则做着分内的事，原地不动一直做着小记账员的工作。但天有不测风云，企业实行人事制度改革，按照年龄一刀切，她们两人全都被内退回家，丢了工作。做了多年管理工作的 A 对业务早就生疏了，一离开了"体制"，在人才市场不太容易找到合适的工作，不过最后，经过努力，还是找到了一份差强人意的工作；而恰恰是一直在一线工作的 B，因为平常工作不忙，利用业余时间不停地学习、不断提高专业能力，离开了"体制"的管制，她如鱼得水，同时为多家民企做兼职，收入翻了近十倍。所以，好与坏都是相对而言的，只要不断提高自己，让自己衣食无忧总是可能的。

女人的独立要靠经济实力来支撑，懂得生存之道的女人，才能活出自己的精彩和美丽，才能按照自己的意愿自由选择想要的生活，所以作为一个聪明的女人，一定要尽早培养自己的赚钱能力。有自主能力，为自己以后的人生早作打算，如此才能活得骄傲、轻松和稳定。那么做一个什么样的女人才能更容易取得经济独立呢？纵观靳羽西、杨澜等新时代的成功女性，我们会发现，拥有以下几种素质的女人会容易取得经济独立。

修炼财力，有明智观念的女人更会赚钱

每个女人都应该懂得：人生最为重要的内容是生活，人的第一要务即是她对生命的责任。金钱是人类实现社会价值与自我价值的媒介之一，金钱是生活的保障，女人不应该被金钱所迷惑，但它却是女人用来善待生命的重要物质保证，用自己的努力，辛勤工作换来金钱，是值得骄傲的。

增补财识，有睿智眼光的女人更会聚财

女人要想拥有财富，就要有独立赚钱的财识和眼光。而财识和眼光是可以靠自己的努力来培养的，它们是经验积累的过程。一个想经济独立的女人一旦有了自己的看法后，就会自觉地去学习许多东西，关注很多有用的信息，这就已经是在寻找机会了。也许你会比一些普通的女人在工作生活中付出更多的心力，但是你也会因之收获到更多。

思考致富，有创新思维的女人更有财缘

财富已经成为这个时代的主题，没有人可以离开金钱而生存，而女人要创造财富、把握财富，靠的正是创新的智慧。要创新就要接纳新思想，突破传统理念的束缚，并且在局势发生变化的时候，及时调整自己的思路，跟随市场的变化。当一个人穷思竭虑地要找出富有创意的方法来解决问题时，最好的机会也将伴随而来。女人们只有以渊博的知识、智慧的头脑去应对市场多变的需求，才能取得成功的机会。

留心观察，能看透商机的女人更有财富

女人想要让自己获取更大的成功，就应当意识到在激烈的竞争中，

单纯依靠意志、体力去拼搏，不容易取得成功。一个成功的创业者依靠的是灵活敏锐的头脑和科学的、丰富的经营感觉。因此，每一个对赚钱充满抱负的女性，必须不断地学习新知识，用心观察生活的细节，然后从中发现致富的道路。

实事求是的女人更会赚钱

想赚钱的女人有必要增加自己的见识，拓展更广的人际关系。女人赚钱不要把眼睛总是盯着别人，要从自身的实际出发，结合周边的环境，多动脑子、发挥智慧，才能做一个拥有财富的人。

乐观自信，有积极心态的女人更有财气

自信心绝对不是一个空洞的字眼，而是每一个出入职场的女性都要具有的素质。相信自己一定能行的女人，在积极心态的支配下，无论遇上什么困难和挫折，都能乐观地坚持到底，决不言弃，这样才能在职场取得一个又一个的成功。女人要经济独立，就应相信自己可能在职场有一番作为。自信是一种潜在的、可贵的、强大的力量，它可以创造出命运的奇迹来。自信可以让女性在职场收获成功，而经济独立也可以给女性自信。

精于规划，懂投资理财的女人更有财运

女人在自己还有能力、有抱负的时候做好为未来多打算的准备，利用资源进行理财，为自己"坐在家里挣钱"的未来打基础。如何成功理财，使得财富不是消耗，而是增多？理财投资是一个行之有效的方法。多学习、多研究理财产品，总能找到合适的方法。钱是女人最现实的课题。我们必须明白，女人的财运，其实是精心运作的结果。

时代在变化，女性在争取到更多的权利时，也要负起更多的责任，

我们都要明白，女人，不得不为自己的未来考虑了。做女人最大的快乐和幸福是取得经济独立，然后，做自己该做的和自己想做的。

事业是女人最华丽的背景

张爱玲说："当男人彻底懂了一个女人，便不会爱她。"在爱情中，相爱的情侣也会有吵架、讨厌对方的时候，也有可能最后分手。而在相处磨合中，随着男人对一个女人了解的加深，这个女人便失去了神秘感和新鲜感，爱情会慢慢变淡。爱情，不是用来依靠的，换句话说，女人需要更稳固的支撑，这就是自己的事业。爱情会变，但自己的本领不会变。

晚年的张爱玲孤单一个人，她把更多的精力放在了两件事情上：一是醉心研究《红楼梦》，二是翻译《海上花列传》，这是她追求的事业。自幼熟读《红楼梦》的张爱玲，对于这部作品可谓是醉心不改，同时，她的文学创作，也深受《红楼楼》的启发和影响。1977年，张爱玲将自己潜心研究的心血之作《红楼梦魇》付诸出版，在十几万字的作品中，张爱玲以一个小说家的眼光对《红楼梦》这部伟大的作品提出了自己的评论，虽然，在学理上缺乏一定的严谨性和条理，与俞平伯、周汝昌等红学专家自然不能同日而语，但是，她对作者曹雪芹创作过程中的细微之处进行了大胆且富有建设性的推断，带有强烈而明显的个人体验和主观色彩，让对《红楼梦》的研究视野更开阔和大胆。长达10年的研究中，张爱玲已经学会不太在乎结果，而是更多地享受研究的过程，为爱好而探讨其中的奥秘，她说："偶遇拂逆，事无大小，只要'详'一会《红楼梦》就好了。"同时，作为一个长期从事文学创作的作家，她能更了解作家创作的心态，她对曹雪芹的写作动机进行了剖析，她认为《红楼梦》是创作，不是自传性小说。这也许是她最有价值的观点。这部《红楼梦魇》引起了很大的关注。

不仅如此，在对《红楼梦》进行考据工作的同时，张爱玲还完成了另一项更浩大和有意义的事业，那就是将用吴语写成的《海上花列传》翻译成英文和汉语。《海上花列传》是光绪末年松江府人韩邦庆的一部记述沪上妓女生活状态的作品，他用吴语写成了这部书，因方言所限，这部书虽然精彩纷呈，但出版之后影响并不太大，可是在学术界引起的关注是广泛的。张爱玲从小就在父亲的帮助下阅读过这部作品，她的作品受这部书的影响很大。她到美国之后拜访胡适时提到翻译这部作品的愿望，也得到了胡适先生的大力支持，因为在他看来，吴语"这种轻灵痛快的口齿，无论翻译成哪一种方言，都不能不失掉原来的神气"。然而，张爱玲还是凭借着对于语言的天分，将那种嗲声嗲气的吴语对白，精心转换成了地道的晚清官话，对《海上花列传》的广泛传播起到很大的推动作用。同时，张爱玲对于《海上花列传》最大的贡献就是为作品中出现的晚清服饰、欢场行规、上海的风土人情都作了很多准确详尽的注解。张爱玲为此付出了巨大的心血，然而她还是担心因为这部作品本身的局限而让读者不满意，所以她在序言中写道："就怕此书的下一回目是：张爱玲五详红楼梦，看官们三弃海上花。"

　　张爱玲有不断追求事业的强烈意志，无论生活处于何种状态，她从来没有放弃写作。事业是女性为自己而活的一部分，是自我价值的体现。将全部的生活放在婚姻与男人身上的女人不是明智的，女人要有一份自己经营的事业。聪明的女人知道不断更新自己，提升自己。这不仅是出于主动，更是出于潜意识的"防守"，为了身边的男人和他身边的"花蝴蝶"。在婚姻中，只要丈夫不是差到令人难以忍受，很少会有女人在嫁作人妇、荣升人母之后还会对别的男人动心。女人对男人会有纯粹的欣赏，但男人的欣赏中总带着其他形形色色的幻想。所以，女人要做好自食其力的准备，离开男人，也要有生存的力量。

　　自古以来，对于男人在婚姻生活中的定位就是对外保护这个家庭，对内尽最大的义务协助妻子完善这个小家，所谓女主内，男主外，在这种状态下，女人依赖男人，男人在家庭中的地位更高。在现代的婚姻制度下，男人的职责没有太大的变化，但是女性的地位提升了，对应地女性就要对家庭有经济的奉献。

反观现代女性所处的社会环境，社会不仅延续了传统观念中妇女持家，照顾儿女的要求，也要求女人要有自己的事业和独立的经济能力。现代社会的婚姻是自由的，因而也是不稳定的。父辈们常常会提醒我们：不能靠男人，要独立。

女人要有自己的事业，可以找一份简单的工作，养活自己即可；也可以自己创业，虽然辛苦，但是成就感更大。女人要创业当然不容易，但是女人应该要有自己的一份事业，努力打拼，很有可能会成功。创业须知以下要点：

一、检查一下你的态度，态度决定一切，不提倡为赚钱而当创业者，而是为了一份事业的追求。

想赚钱有很多方法，创业不是唯一的选择，如果你不喜欢经商和其中将要面临的挑战，那么创业就并不适合你。

二、获取尽可能多的经验，创业之前一定要有所准备。不要为钱而接受一项工作，而应该看重它能带给你的经验。

三、永远记住销售＝收入，所有创业者都得擅长销售。如果你不精于此道，对于销售没有实战经验，最好在辞职前尽可能多地获得这方面的经验。有些人天生就是销售员，而其他人只能靠学习，靠经验的积累。如果自己并不是一个天生的销售员，那么就要加紧训练培养这样的能力！后天的培养一样可以达到很高的水平。

四、要保持乐观，也要面对现实。要注意"面对现实"和"悲观"之间的区别，有人明明能做成的事也说做不成，有些人脑子里记住的全是些负面的新闻报道、消极或悲观的人，这样当然做不成事情。但是当现实与心愿相违背，明知不可为而为之，也是不明智的。所以该乐观时要乐观，该放弃时能放弃。

五、创业者要知道怎样花钱。一名创业者需要知道怎么花钱并且赚回更多的钱，这并不是意味着一毛不拔，而是说要懂得何时花钱，花在什么地方，该花多少，回报多大！

六、建立一家企业作为练习。没人能够在没有自行车的情况下学会骑车。准备得差不多了，就快点开始行动吧，不要没完没了地计划。就像我说的，保留你的全职工作，再开办一个业余时间可以经营的生意，这样哪一个都做不好。创业者需要谨慎，但更需要勇气。

七、愿意求助。父母经常说：是傲慢造成了无知。如果你在某些事情上不清楚，就去问一问懂的人，当然，也别做一个使人讨厌的家伙，事事都要找人帮忙，求助和依赖之间是有条界线的。一定要会自己思考，确实解决不了的问题去请教别人一点也不可耻，反会事半功倍。

八、找一个领路人。尽量去结交创业成功的创业者、企业家，并拜他们为师，学习他们创业的经验，听取他们的建议会让你少走很多不必要的弯路。

九、进入一个创业者的圈子。物以类聚，人以群分，在你所生活过的城市中，都存在着各式各样的创业者团体或协会，如果参加一些这样的聚会，会发现许多好的机会，对自己的事业起到帮助。这样你就能让身边出现很多志同道合者，他们在那里寻求帮助，也乐于助人。

十、踏踏实实地走过创业历程。创业是一个过程，而不是一个工作或职业，所以，要踏踏实实地走过这个过程。而且要记住，即使在最困难的时刻，也要有多坚持一下的想法，成功都隐藏在困难之后，一定不要轻言放弃！

作为一个女人，在任何时候不要给不自立找借口，奉献和依靠是两回事。女人必须要有自己的事业！

每个人都是独立的，永远可以依靠的只有自己。女人的生活重心可以不在自己，但必须把生活重心掌握在自己的手里。撑起家的半边天是你的责任，这片天不是撑在另一个人的头上，而是撑在自己的头上。人都有独立的能力，女人当然不能例外。

女人不能用奉献说事，因为说"谢谢"的嘴长在别人的脸上。女人应该用自己的本事说话：我有我的事业，没你，我依旧好；没我，你少半边天！

现今，每个人都在养活自己，一个家里的两个人很平等。地位平等、责任也平等。一个女孩在成家前，要根据自己的情况决定自己找个什么样的男孩，也就是说：你想找好的，你首先要好；你想找个更好的，你必须更强。

婚姻是一辈子的事，不能看现在，而要看将来。幸福是要靠自己把握的，你将来想拥有一个怎样的家，怎样的生活，就要让自己先为之奋斗起来！

我们经常可以看到这样的女人，她们有文弱、温柔的外表，好像与世无争的样子，可是只要单位上有任何好事，都少不了她的份，这令周围的同事感到诧异，其实这正是职场女性真正的魅力所在——待人温和，做事踏实。

事业是女人独立的基石

自古以来女人都以情感为重，为了家庭可以放弃很多，她们总是以为，好的职业与名誉、地位永远都比不上一段美满的婚姻，这其实是女人的最大弱点，也可能是造成女性悲剧的关键原因。

一个女人，只要有一份好的职业与健康的体格，总会获得理想的配偶，而最后可以让你昂首挺胸的，并不是自己的丈夫，而是自己。女人的事业，是女人的气场，没有这种气场，女人会凋谢得很快。

女人的成功靠的不是运气

女人也有成功的梦想，梦想里没有不劳而获，女人的成功也需要打拼。成功是一串看得见的努力，是一阵忽然飘落下来的细雨，是一种可感可触的灵机。女人喜欢做梦，但让梦实现靠的不是运气，而是实力。

敢走自己的路，不必期待每一个人的赞许

对于一件事情是否应该去做，如果你去征询 10 个人的话，通常会有
7 个人说"不能做"，2 个人会说"不好说"，表示赞同的人最多只有一个。
这就是经济学上有名的"一二七法则"。绝大多数女人之所以最终没有变
为成功者，就是因为深受"一二七法则"的左右，陷于其中而无法自拔。

依靠直觉，把握机遇

女人一向有非常准的第六感觉，一个女人做了一项重大的决定，有
时完全凭的就是直觉。智慧的女人能很好地利用自己的直觉，紧紧抓住
机遇的翅膀。

"出名要趁早"

张爱玲说："出名要趁早。"张爱玲是一个传奇式的女子，有着传奇的
身世：祖父是张佩纶，祖母是李鸿章的女儿，她生在贵族之家。但是她
的家庭却不是幸福的，父母在她很小的时候就离异了，母亲几度出国又
回国，陪伴在她身边的时间不长。她自小聪慧，3 岁会背"商女不知亡国
恨，隔江犹唱后庭花"，7 岁的时候就写了一篇小说，12 岁的时候公开在
刊物上发表处女作《不幸的她》，17 岁的时候就已经成名，发表了很多的
文章。

张爱玲有一个天才梦，她希望可以发挥她的文学奇才，成为一个有
名声的人。她的小说，是那种小女人式的，透着细腻，还有尖酸与刻薄，
更有那个时代女人们的心态。读她的小说，就如同涓涓细流一样，总也

品不尽其中的味道。在《半生缘》里，顾曼桢一句"世钧，我们回不去了"饱含了一个女人对生活、对现实、对婚姻的无奈，对那错过的爱情的无望，让人为之潸然泪下。在《沉香屑第一炉香》里葛薇龙那种生存方式，一种游戏于男人之间，靠和男人周旋来养活自己的生存方式，让人觉得漂亮的女人活着就是一出悲剧。

出名要趁早，17岁就已经出名的张爱玲，确实实现了自己的愿望，但她那与时代格格不入。现在仍蕴藏着无数价值的小说本来就让人称奇了，再加上她的传奇人生，她对生活的低能力，作为女人却无法成为母亲的遗憾，吸引着人们不断走近这位神秘的女作家。

张爱玲为什么说"出名要趁早"，她是在什么背景下说出来的呢？这句话其实不单单是字面上的意思，跟当时的时代背景是有关系的。张爱玲的政治立场不是很坚定，她甚至是一个不关心政治的人，她只是一个更专注于写作的作家，更希望通过出书赚钱来满足她有情调有品位的生活。当时时代瞬息万变，她也是希望能在稳定的时期内赶快成功，否则个人的名声很容易被时代的大浪所淹没。也因为那时出名对张爱玲的生存能起到很大的帮助。一个不出名的女作家，如何在旧上海养活自己呢？她说"出名要趁早"，更多是为了生存。

这句话说得很有道理，以现在的理解也行得通。年轻人的思维更活跃，对事业更有激情，同时也更有本钱去拼，趁现在身上没有那么多责任和负担时还可以放手去拼搏，等年老体衰时有这个心也没这个体力了。

但是这句话引起的争议很多。如果可怜的张爱玲地下有知，知道自己一不小心说出的一句"出名要趁早呀！"被世人牢牢记住，并将它与张爱玲本人早年辉煌、晚景凄凉联系在一起，下出荒谬的定义，该作何感想？可是又有几人真正明白她当时所处的环境和她自己的心境呢。

虽然很多人都知道这句话，又知道说这话的是张爱玲，但是未必知道这句话出自哪篇文章，也不知道它的前言后语是什么。其实看看张爱玲的文章，就知道她是个文笔很谨慎的人，语言也很客气。她五十多岁时写了一篇《对现代中文的一点小意见》，她还得在文章一开头写：这题目看了吓人一跳，需要赶紧声明，"小意见"并不是自谦的"人微言轻"的话，而是实在是极微不足道的……足见张爱玲行文的谨慎和谦虚。

那么她是什么时候一不小心说了句让世人记了半个多世纪而且看来还得要接着记下去的话的呢？现在有人引用她的这句话当反面教材，但如果引用的人知道张爱玲是在哪儿说的这句话，他就不会这样"瞎"引用了。

原来，张爱玲是在《传奇》再版的时候写到的这句话，那时，她因为成功，而"得意忘形"了一下，显示了一个女子的本色，透露了些自己内心的心思和得意。她是这样写的："以前我一直这样想着：等我的书出版了，我要走到每一个报摊上去看看……我要问卖报人，装出不相干的样子：'销路还好吗？——太贵了，这么贵，真还有人买吗？'"紧接着，张爱玲写道："呵，出名要趁早呀！来得太晚的话，快乐也不那么痛快。"接着她还写到自己以前在校刊发表文章时，会痴迷地将文章看一遍又一遍，直到那股兴奋劲没有了。

其实从这儿，可以很清楚地看出，她更多的是在说一种心境、情境，而非名誉鲜花等名声带来的好处。从接下来的段落也能看出，她是在感慨荒凉凄凉，升华浮华，事过境迁。如果通观全篇文章，就不会单看这一句就认为她是一个追求名望的人，不然，感觉就跟鼓动青少年学她一起早出名似的。所以可见，张爱玲实在是被冤枉了。

对于大多数人来说，出名早了是好事，抓住时机趁早出名并没有什么错！因为趁早出名，对于个人而言，往往也就意味着：接下来的路该怎样走，会有更明确、更完整的计划，这样一来我们的人生路往往也就会走得更加顺畅一些！可当所有人都将这句"出名要趁早"作为至理名言，奉为圭臬时，这句话开始慢慢变了味。因为这浮夸的世事可能让人在成名之后，无法把握自己的本心，逐渐在名望中迷失自己，于是在计划好的人生路上越走越远，失去了快乐。像美国的小甜甜布兰妮，更是在八岁就有了自己的经纪人，十几岁就成了世界闻名、无人不知的歌手。然而仅仅两三年后，布兰妮被各种丑闻缠身，受到无数的质疑！看来，有时出名太早也不都是好事了！名人的光环背后又有多少辛酸不为人知呢？

《出名要趁晚》这本小说中的女主人公夏薇，就是这样一个在演艺界中经历了太多挫折的人！她18岁因为第一部电视剧而一举成名，受人追捧，可少不更事的她锋芒毕露，自我膨胀，丝毫没有感受到过早成名给她带来的重重危机；24岁，与初恋男友分手带来的情伤，令她分寸大乱，以至于患上了抑郁症，不得不退出影视圈；27岁，她在亲友的支持下重返演艺界，却一直没有什么好的机遇，再也不能像以前那样出名，只能不好不坏地在演艺界发展着，事业止步不前，但她却逐渐学会了内敛，性格也越来越成熟、大方；32岁，她因为一部电影而一跃成为戛纳影后，再度攀上事业的巅峰，同时也收获了美好的爱情和幸福的家庭。书中的夏薇有个动听的称号"华夏蔷薇"。原以为"蔷薇"天生美丽动人，看过了夏薇的种种起伏经历后，才明白：不经历一番风摧雨折，又哪有蔷薇的娇艳诱人呢？这恐怕就是人们常说的"梅花香自苦寒来"了吧？若不是经历了起伏，看惯了世相，夏薇又如何学得会收敛锋芒、成熟稳重呢？正是这波折不断的人生经历，让她将名与利看淡了。只有经历过这一切的她才会说出如此睿智的话："出名要趁晚，人生慢一点，没什么不好，该来的总会来的。"读这本《出名要趁晚》时，人们会感觉到从书中的每个人物都能看到现实生活中著名演员的影子，这虽然只是一个虚构的故事，但讲述的正是这些著名演员背后不为人所知的真实故事！其实，这本书让人懂得的不只是演艺界，而是人生的百态，人生在世，是是非非，总脱不过"名利"二字！出名不管是趁早还是趁晚，关键还是要不为名利所羁绊，不忘初心，不失真我！夏薇是如此，老一辈演艺家吕秀芳、郑奇来也是如此，他们正是这喧嚣、浮躁的演艺界中那点可爱的地方！

这句话是张爱玲1944年24岁时说的，对于那个不稳定的时代，"出名"当然要趁早，不然真的可能来不及。时代在变化，在现代社会，不是出名越早越好，也不是"出名趁早"，而是"出名要当心呀"！

太早出名也可能会有弊端，会产生很多负面的影响。你看现在很多小演员、小天才，在年龄很小的时候就出名了，可是这种出名对孩子的成长会有很多不好的影响：过早显示的才能还没酝酿成形就曝光，很容易让才能早夭；让孩子小小年龄开始赚钱，会失去许多童年的乐趣；在众人的眼光下，也不容易健康成长。出人头地的契机要把握好，最好是在心智成熟、最有精力并且确实具备坚强的实力的时候。女孩子要出名虽然早一点好，趁着青春美貌，但是真正有实力的人，外貌反而不是第一重要的。

会花钱，比会赚钱更重要

张爱玲从小就非常聪明，从很小的时候就开始读《红楼梦》等文学名著，以及父亲随手扔在公馆里的大大小小的报纸和刊物。在张爱玲9岁时，她就开始试着投稿，她的第一笔稿费是五块钱，她用这笔钱买了一支口红，犒赏自己，试图用来为自己的童年增加一点色彩，这件事情她到成年后还深深地记在心底。

从小时候起，张爱玲和父亲的关系就不是太友好，对于钱物的事，更是不轻易张口。《醒世姻缘》则是张爱玲破例向父亲要了4块钱去买的，可见她是一个多么有傲气的人，还有她对书的狂热。

抗日战争即将取得胜利时，物资紧缺，大家为了生计着想，都在囤米囤油。张爱玲也急于把握住一点实实在在的东西，她便也囤了些她觉得重要的东西，只是她囤的东西和别人不同，她囤的是纸，因为害怕将来出书没有纸印；她却不想一想，如果世道真坏到那一步，是没有人看书的。但对她来说，她第一要有的东西就是纸。

还有一次，听一个朋友预言说：近年来老是没有销路的乔琪绒，不久一定要入时了。她的钱已经很紧张了，但还是努力地省下几百元买了一件乔琪绒衣料，但隔了些时日，生活急迫，她将衣料送到寄售店里去，却又希望可以将它们留下来，不卖掉自己用。

张爱玲在美国和赖雅结婚后，经济并不富裕，为了赚些钱，她再次到了香港，希望写书赚钱。她千辛万苦写的作品，想要出版收到稿费却更不容易。她辛勤工作，每天都要工作十个小时以上，导致眼膜出血，双腿浮肿，腰背疼痛，她舍不得去买一双稍微大点的新鞋子来包容肿胀的双脚，她苦苦地支撑着，打算到年底有大减价时，再去买一双新的鞋子。她给赖雅的书信中，写到了她的生活上的窘迫："上星期天终于完成了第二集，可是眼睛因为长时间工作，又出血了……我预计可在三月十六日离开香港。不过到时候情形跟现在的可能差不多，因为不可能马上拿到稿费，所以我的钱要留在身边付机票的预付款。你可以维持到三月二十左右吗？……医生已安排了一个十二支针剂的疗程，治疗我眼睛不断出血的毛病。为了填满这几天的空档，我替 MCGARTHY 出版社翻译短篇小说，一想到我们的小公寓，心里深感安慰，请把钱用在持久性的用品上，不要浪费在消耗品上，如果你为了我去买些用品，我会生气的，不过，一个二手的柳橙榨汁机不在内。我最需要的是一套套装、一套夏天的西服、家居服一件、一副眼镜，大概不超过七十美元，可是得等两星期才能做好，又得先付钱……"生活上的贫困，让张爱玲精打细算，她计较的不是钱，而是将生活维持下去。她的书信满纸都是"钱"字，她被钱压得喘不过气，不仅为自己的生活状况担忧，还得为赖雅的生活筹划，担心他缺少钱，于是问他手头的钱可不可以维持到 3 月 20 号她回来。尽管生活辛苦又贫穷，但是张爱玲用心安排着，一边奋力写作，一边计划着开销，尽量把生活安排得更好一些，她相信苦日子总会结束。

富日子有富日子的过法，穷日子有穷日子的过法，只要心存信念，坚持不懈，努力奋斗，所有的付出都会有回报。

随着时代的进步，经济水平的提高，人们的消费观念也正在经历着变迁，原因何在？钱多了，生活富裕了，而对物质的渴望没有尽头，得到一样会想要下一样，想要得到的东西会越来越多，想要尝试的新鲜事物也越来越多。如此一来，便出现了许许多多"奢侈消费"的观念，认为花越多的钱，生活越快乐。

但是过度消费，真的对生活有益吗？很多社会学者在呼吁："奢侈消费与创建节约型社会背道而驰，应尽快出台相关法律、法规遏制过度消费，杜绝低效率消费、跟风式消费、攀比式消费，提倡节约消费、适度消费、文明消费、健康消费。"随着经济的发展，人们的生活水平越来越高，消费的理念也在发生变化。但是如何衡量是否为过度消费呢？理性消费与奢侈消费之间究竟有何界限呢？这个界限肯定有个人因素，那么对个人来说，如何消费才是理性消费呢？

比如，以买房为例，对于一个普通员工来说，要在市区购买一套商品房，或许要耗费他所有的积蓄都不一定能够买得起，可以这么说，购买商品房对他们来说就是一种过度消费。但是反过来说，一个人要买套房子来安身立命，这也是无可厚非的事，这又是一种理性消费。所以我认为，如果具备一定的经济实力，对自己的生活进行一些改善，也无可厚非，毕竟我们所处的年代已经不是过去的境况了。但是一味追求和别人一样地进行消费，盲目高消费，这就非常地不可取。财富是个人的，但资源是社会的，过度消费必将导致社会资源的浪费，违背创建节约型社会。我们应该合理安排，学会持家理财，凡事量力而行，合理消费。现在有这样一群人：试图通过超前消费、攀比消费来炫耀和显摆自己的身价和财富，他们花大量的钱追求过分的享受，这可能会助长虚荣心，这与中国经济社会基础性资源匮乏的实际情况，与建设节约型社会的目标要求有着非常大的冲突。我们要充分认识我国人多资源缺少的现状，倡导理性消费，量力而行，合理消费，不浪费，做有社会责任感的人。

明确好了理性消费与奢侈消费之间的界限，知道如何消费才是对生活真正的帮助，我们再倡导理性消费，倡导量力而行。因为理性消费本身是我们中华民族的传统美德，也体现了我们的民族精神。经过三十年的改革开放，中国经济迅猛发展，促进了中国人民生活水平的快速提高，我们在享受物质生活条件的同时，也要考虑我们所处的历史时期，也许我们现在过度地消费社会资源，过度铺张浪费，留下的会是子孙后代难以长治久安的"病态社会"。因此我们的消费观念应当以理性为出发点，我们应该通过理性消费体现人与人、人与社会之间的和谐相处之道；我们也应该通过理性消费体现人与自然的和谐相处，注重环保，提倡节能，以节俭简朴为美。理性消费不仅能保证我们的生存与安全，更能体现我们健康、有情趣、和谐的生活品质；倡导理性消费，不仅可以促进可持续发展，更能体现国人的高素质，和健康的生活态度。

理性消费应该从小做起，让我们从身边小事做起，从现在做起，从自我做起，积极承担消费者的社会责任，为全社会的理性消费、文明消费、和谐消费树立起榜样，善于做一个理性消费的公民。如果有更多的人有正确的消费观，知道量力而行地消费，社会会更加美好和稳定！

近年来，随着女性经济和社会地位的提高，女性在消费行业中占的比例越来越大，围绕女性理财、消费而形成了特有的经济圈和经济现象。由于女性对消费的推崇，推动经济发展的效果突出，甚至出现了一个专有名词——"她经济"来形容女性消费市场，这一词也逐渐火热起来。不难发现，关于女性消费者的节日越来越多，从全年那么多女性节日可知"她经济"越发成为节日消费主力。

女性的消费能力越来越强，于是商家就专为女性营造了一个消费圈，赚足女性的钱。

近日，在微博上盛传一个段子：元旦、春节、情人节被称为男性花钱前三劫。需要为女性购买礼物的节日，层出不穷：情人节刚过，在钱包还没稍稍恢复的时候，三八妇女节又强势来袭了，让不少男同志大呼"伤不起"。

"这次要送什么礼物呢？送花觉得太普通，送了一次又一次，巧克力又觉得太俗，不能让女朋友满意。"在一家企业做销售总监的赵明，每个节日来临前都会觉得特别伤脑筋。从圣诞节到三八妇女节的几个月里，给爱人、母亲和丈母娘的礼物至少要送出六七份，送礼是小事，送得不好才糟糕。

赵明算了笔账，每次花费除了花、巧克力等必备品外，还要考虑浪漫和实用价值，加上吃饭、看电影等基本开销，每次花费都在1000元以上。"这不单是花钱的问题了，创意这种东西真的是越来越匮乏。"赵明和他的几个同事纷纷认同，感慨其中的艰难，为女性消费的开销越来越大了。

为了促进"她经济"的发展，线下的实体店也十分火热，扬城各大商场都打出了"女人节"旗号进行各种疯狂打折，这种促销方式取得了很大的成功，店家的销售额不断提高。

专家提醒，女性消费也要量力而行，不可头脑一热，超额消费。扬州大学社会发展学院副教授朱季康表示，近些年，"她经济"呈持续走热趋势，逢节必收礼也逐渐使女性养成在交际圈中的攀比之风。"当节日仅成为消费提醒日，那么像三八妇女节、情人节这样的节日就失去了其根本意义。"他认为，整个社会对于女性给予更多的关爱和尊重，才是最好的"妇女节"。"比如在就业时不要歧视，在社会环境中能做到男女平等"。怎样才是对女性真正的关爱，难道只是为她们花更多的钱？

朱教授提醒，面对层出不穷的商品，广大的"她"们不要盲目购物攀比，多考虑自己的实际经济能力，有目的、有计划地进行消费。不然消费不但不能让生活质量提高，反而可能使人滋生很多的烦恼。

时代不同，人们的观念也有了彻底的改变，在古代是男人购物多，现代社会却完全相反了，一般是女人购物多。购物一向是女人的特长，女人看见喜欢就买，很少会顾忌商品的价格和自己的消费能力，说穿了，完全凭感觉了，这种是感性消费，不是理性消费。一般男的会制一个要买东西的表格，然后按图索骥般地一个个买完就走，不会花太多计划之外的钱；而女性就不同了，她们一般会看完这个，又想买那个，店主稍微推荐下，马上就又买一件，付款的时候才知道买了这么多，自己都惊呆了。那么女人如何才能做到理性消费？

在合理消费上，女性应该向男性学习。要像男人那样制定购买清单，知道大致价格总数，这样，在购买完商品之后，你就不会惊讶了，因为价格总数与自己算的差不多，心里也会好接受点，也不会"买时开心，买后后悔"了。

如果实在忍不住，要带个人去监督你，当你疯狂购物时，同伴可以提醒你控制下。很多人都喜欢拉帮结派地去购物，一方面是让自己有一个参考意见，另一方面也是希望对方可以在自己购买不需要的东西时阻止自己。这都是可以理解的，但是，你千万不要带一个比自己购物还疯狂的人去，因为这样，你可能会有向她学习的冲动，反而比自己一个人时买更多的东西。所以，还是找一个比较能理性购物的人陪你一起去购物比较理想，这才能起到效果。

在生活中有许多可以理性消费的女性，但对于部分女性来说，购物往往成了她们感情的一种宣泄，购物让她们心情好，也是她们内心世界向外的一种表露。通过对一些女性消费动机的调查发现，女性消费具有情绪化的特点；按女性消费的特点，大体可以将其划分为以下四种类型：

发泄型——以购物缓解坏心情

女性在工作中遇到一些不顺心事时，常常会把购物作为她们宣泄坏心情的一种表现方式，她们认为，购物可以让她们忘记烦恼。这时候的她们在购买东西时往往并不很在乎商品的价格，最关心的只是把钱花掉了，以求得心理上的一种短暂的平衡，这是以花钱来发泄。她们是在用购物的方式来实现着她们与社会的交流，以及进行情感的释放。

显露型——没钱也要花

与发泄型的购物动机正好相反，显露型消费方式的女性，她们在购物时不是通过花钱来得到满足，缓解紧张烦躁的情绪，而是用所购得的商品来体现她们的价值，她们认为在消费中，她们的价值得到了体现。比如外企中的文员，收入不高，但是为了显露她们自己，也会硬着头皮去购买一些昂贵的商品，来获得心理的平衡。

从众型——有钱跟着花

女性有很强的攀比心理，别人有的她也要有。这些女性购物往往没有什么特别的计划，别人买了哪样东西，往往能促动她们去购买相同的东西，不管这是不是她真正需要的，或是不是能负担得起的，她们有一种与别人攀比的心态。有时候，我们走进某家外资企业的办公室，会发现办公室中的女职员所穿的衣服有一种同一系列的感觉，在不知不觉互相比较，互相影响。

冲动型——有钱即时花

冲动型消费的女性，没有很强的理财观念，这些女性的消费带有最明显的情绪色彩，她们往往喜欢在街上漫无目的地闲逛，也没有什么购物的目标，但是某种诱惑却使她们冲动了起来，买回来一些也许并不是她们所必需的商品，只要手里有钱，她们就想着把钱花出去，她们的购物决策是临时作出的，并不是有计划的。

从现在的状态来看，女性购物的这种情绪化倾向，在一些年轻白领女性中有蔓延的趋势，但是这种购物又有什么实际效用呢？对她们生活水平的提高有什么真正的意义呢？从经济学的角度来讲，其边际效益等于零。所以，每一个女性都应该好好审视一下自己，在消费的时候，你究竟需要的是什么？不要让购物成了你感情宣泄的牺牲品。生活水平提高到一定程度，物质就不能让生活品质进一步提升，精神生活才是应该追求的方向。从这一点来说，有这样几个方面还是应该引起我们重视的。

一是提前拟定自己的购物目标，就是根据实际需要进行购物，把需要购买的东西列一个清单出来，它可以时常提醒你在购物时是不是真的需要这样东西；二是学习记记"流水账"，看看你究竟还有多少钱，不要买了东西，让生活基本日用没了保障；三是避免和可能比你消费能力大的朋友一起购物，当你感到你的某个同事或朋友想发泄一下自己购物的欲望，而硬想拉你一起去疯狂购物时，一定要抑制住诱惑，千万不要心软，一定不要走入这个局；四是当情绪有波动时不要上街，在公司受了气，或与家人闹了矛盾，这时候你要避免上街，不要让购物成了你情绪的牺牲品；五是减少群体之间购物经验的交流或比较，过多的经验和交流，反而会使你把握不住自己购物的目标，而犯不该有的错误；六是不要让打折、广告或促销成为你购物的理由，其中的关键就是要牢记：不管再便宜或再好的东西，你也是要花钱买的。买太多打折品，也会成为负担，最后许多买来的东西都可能没有用武之地。

确实，"赚女人的钱"，这可能是许多商家越来越想走的捷径。而在另一方面，对于广大消费者来说，也要避免盲从，非理性的消费肯定是得不偿失的。这似乎是一正一反两个方面，但它却是女性消费市场不可或缺的一部分，而且也正是因为存在着这样的一个矛盾体，这个市场才显示出了勃勃的生机，给我们的创业者提供了更多的机会。因为有时候理性的女性消费，反而有可能将更大的利润空间提供给我们，关键是看你的产品是否"适销对路"。

在现代社会，物质消费不应该成为生活的重点，女性应该花更多的精力在自我提升上，提升精神境界。

5

第五章

最好的爱情，
是各自舒服地做自己

zuihaodeaiqing,

shigezishufudezuoziji

女人的生活离不开一个"情"字，感情，是一个女人与世界交流的言语，对于每一件发生的事情，女人都在关心事情背后的情感问题。一切感情的最顶端——爱情，更是女人所有感情的中心。张爱玲懂得无数爱情的道理，她为爱情付出了很多，但是她幸福吗？当爱情来临时，女人应该如何应对？

zuihaodeaiqing,

shigezishufudezuoziji

爱情的每次发生，都是值得的

曾经，张爱玲也对爱情抱有无限的渴望，她曾经说过："我要你知道，在这个世界上总有一个人是等着你的，不管在什么时候，不管在什么地方，反正你知道，总有这么个人。"

当一份纯粹真实的爱情受到了现实的威胁时，如果挺了过去，我想他们就特别的幸福，从此以后就会更加爱着彼此；要是因残酷的现实而有一方退出了，那么这一方在解决了现实问题以后就会发现，其实比起困难来说，她最害怕的是失去。然而此时回头，也许已经晚了。

爱情本来就没有想象中的轰轰烈烈，实实在在地去生活，这才是爱情最终的本质。真正的爱情就好像是洋葱一样：一片一片地剥下去，总会有一片能让你泪流满面……爱是非常奇怪的，爱是把没有血缘关系、没有任何关联的两个人，联系在一起的媒介。

爱一个人，是发自内心的，是一种非常真挚的情感。有的时候不需要常常挂在嘴边。在平淡的生活之中，只要用心地去投入，去品味，就会发现感动其实就在身边。

爱一个人也许会有伤，也许会有痛，可那是难免的。只有经历了，这份爱情才会是最真实的。对另一半的付出，是无私的。不要总想着回报。如果想回报，那这个回报就是另一个人的开心。一切的付出，只为了自己与另一方的开心，只要对方开心，自己就会满足了。

爱一个人很简单，去全心全意地爱就好。缘分或许是天注定的，可是结果需要自己去把握。不管当中有多少的艰难，到最后，剩下的就是幸福。爱是一种非常美好的东西。

从知道世界上有爱情的存在开始，就有很多人开始追求。从至善至纯的动心，到甘心情愿的等待，刚开始相信着爱情，直到后来也都一直相信着。也有些人因为种种原因不再提及，只是忙碌地去追求着好像是必不可少的东西一样。至于爱情在一个人的成长过程中究竟是多么的重要，还没看到有绝对权威的理论。可是有一点是应该值得肯定的，那就是爱情就像是空气，一旦没有了，就不再有任何的意义了。

要相信爱情，并不是说不要奢求更加富裕的生活。其中的意义在于，在艰难的日子中，也能够带上你的爱情，满怀希望，共同打拼未来。在爱情的观念当中，应该是没有人起初就直奔物质的，也许是等内心渴求的爱情走远了，之后在无奈中就只好选择了物质。一个人说，要是与自己爱的那个人在一起，就算是天涯漂泊也是无所谓的，而要是与其他人一起生活，就一定是绝对现实的。

关于爱情的盲点，总是会使人错失爱情。对爱情持迷茫态度的人一天天地增加，没有人定义过爱情究竟对一个人而言是多么地重要，然而必须要明确的是，生活，需要相信爱情的美好。

不管未来等待的是什么，在人生的某一个选择渡口，去向哪边，也是非常重要的。只不过，人活的就是一个过程，要相信爱情，要并肩作战。我们不能独独迎接那些已经归来的战士，还应该目送着你的爱人上战场，之后再给他加油，等待他的荣归……

总是在想究竟怎么活才可以不这么碌碌无为，在爱情的天地里，要是你相信爱情，可以真心伴着你爱的那个人走出青涩，走出一无所有，之后到达共同的拥有，也不枉用你的爱成就过某一个人……

当你用尽了力气去爱一个人，到最后还是要面对令人伤心的结局，请不要让自己太过伤心难过，因为，你早就赢得了一份芬芳，花开过，爱情就留下了芬芳。即使这份芬芳不是很浓，还有点痛的感觉。可是请你要记住，有些花是不会结果的，然而它还是盛开，爱情也是一样的，天底下有不少没有结局的感情故事，但它们依然荡气回肠，让人感动和随想。

关注爱情，不只是关注爱情究竟有没有结果，还需要关注爱的过程。

不管你的爱是轰轰烈烈的或者是静如湖水的，只要是付出了真心，那么这份真挚的感情，就可以让你缅怀一生，也会让你一生无悔。爱情可以说是一个让你感情深刻和丰富的过程，爱情也是让你去思考和记忆的过程，这过程往往会比结果还要重要。

请记住这份感情和过程，相信之后的你就会少走弯路，就会知道怎样去迎接和面对下一段爱情。爱情不是一种遗憾，是一种不断的完善。爱情不会使你成为圣人，却可以使你完善自身，把自己做好。

没有过程，就不会有结果，也不会有任何的记忆，更不会出现那些动人的场面。没有过程，就不会有舞台，更不会有你表演的时间和表白的机会。花开了，就会把芬芳溢散，爱过了，就会留下爱的体验。

千万不要在乎那一朝一夕的得失，爱情并不是一次失败就能够终结的。浪漫的爱让人怀想，深情的爱让人回味，绵绵的爱让人沉醉，平淡的爱也可以芳香生活。千万不要遗弃了爱的那个过程，因为爱情可以成为一种伟大和美好的体验。

一定要让自己学会欣赏爱，这比沉溺于爱的结局里更加快乐。我们要为爱种上花，而不是结一个果实就可以完结。无论你的爱情是怎么样的一个结局，都应该勇敢地面对，毕竟，你种下了花，就算并没有结果，花开了，仍然可以芳香。

过程就是风景，经历过才懂得

爱情是个永恒的话题。然而，张爱玲笔下的爱情却并没有常人想象得那么美好，她所描写的爱情大多都是可望而不可即的。她在爱情观上是持悲观态度的，不管小说中的人物对命运是如何的积极或者是消极，他们都难有如意的结果，没有心想事成的美好结局。在她的小说里面总是透露了情爱世界中情感的千疮百孔，隐喻着世事的沧桑、爱情的无望。

这种爱情观的形成，当然还与她的生活经历及对所处社会经济、文化的理解有关，所以在张爱玲笔下的爱情并没有太多美好的结局。

在爱情中也是有沧桑的，"在茫茫人海中，时间的荒野里，遇到该遇到的人，不早一步也不晚一步，那么也没有什么别的可说唯有轻轻地问一声'哦，原来你也在这'。"张爱玲经常在小说中表达自己对爱情苍凉的感受。

在张爱玲的小说里，爱情通常都是没有青春、幻想、热情与希望的，有的只是虚妄和苍凉。那冷冰冰而又充满感情的文字，那荡气回肠而又充满绝望的故事，可以说令人久久不能忘怀。

《倾城之恋》是张爱玲最好的小说之一。这是一部很好的斗智之作。范柳原与白流苏没有爱，他们并不是善男信女，在爱情的道路上各出奇谋，他们各有各的心思和目的，不得不将情感一一算清楚。在日常生活当中，他们之间存在着一场征服与被征服的战争，他们在心里明争暗斗。究竟什么是真？什么是假？他们急切地想要抓住一点实在的物质，用那些冰冷的奢华来填补自己内心的空虚还有绝望。在他们之间的爱的游戏里，双方都要倾出一生的智慧，才可以战胜对方。白流苏与范柳原这一对现实的男女，因为炮火，互相地关照，最后走到了一起，做成了夫妻。这是张爱玲的爱情故事里，少有的圆满结局。苏青这样赞美《倾城之恋》："作者把这些平凡的故事、平凡的人物描写得如此动人，便是不平凡的笔法。《倾城之恋》里充满了苍凉、抑郁而哀切的情调。这是一个怯懦的女儿，给家人逼急了才干出来的一个冒险的爱情故事。她不会燃起火把泄尽自己胸中的热情，只会跟着生命的胡琴咿咿呀呀如泣如诉地响着，使人倍觉凄凉，然而也更会激起读者的怜爱之心。"

《半生缘》可以说是张爱玲小说的又一代表。顾曼桢，是一个为了家庭的生计而默默奔波、劳碌的女子，在整本小说之中，她的命运可以说是最悲凉也最无奈的。本来是一个那么善良和进步的女青年，却要被旧社会所谓的"规矩"推向万劫不复的地步。世钧和曼桢的爱情是真挚的，双方都付出了自己最真挚的感情。可是一对真正相爱的恋人结果为什么不能永恒呢？从客观的角度而言就是世事难料，阴差阳错。好多次他们的关系都到了马上就能突破的地步，却又因为这样或那样的事情错过。每每读到这些地方不禁令人感叹。从主观的角度来说却是因为他们面对爱情的时候的犹豫还有猜疑，他们都不能全身心地投入进去。当爱情遭遇犹豫与猜疑的时候，就注定了这段爱情正在播种苦果。曼桢的命运，使得不少人流下了泪水，14年后当他们再相见时已是物是人非，就只有一句"我们再也回不去了，再也回不去了……"就这样冷冷地收了场。

张爱玲小说里的爱情如此苍凉，是没有什么完美可言的。就像她自己说的，生命是一袭华美的袍，上面爬满虱子。她不相信生命的完美与上进，也不相信天长地久、海誓山盟的爱情。

《色·戒》的拍摄和上映再次使得张爱玲声名鹊起，在此之前播出的《倾城之恋》还有《半生缘》，并没有这部作品引人注目，或许是因为张爱玲写出的这部关于爱的感觉的传奇作品让人有一种不同寻常的感受吧。

这部作品讲的是发生在40年代的故事。女大学生王佳芝执行刺杀汪伪政权汉奸易某的任务，然而在她准备进行她的计划时，王佳芝在意念之中感受到这个男人对自己的真心，于是就动了恻隐之心，就这样，爱情冲破了理智，错失良机，她救了易某的命，可是却葬送了自己的性命。就是这样一种爱的感觉，使得王佳芝宁愿将自己的使命放弃，甚至是放弃自己的生命，这到底是可爱还是可悲呢？张爱玲对此的诠释则是：爱就是不问值不值得。这或许就是她自己的经历吧。

张爱玲将人们或是自己内心深处隐秘的爱欲，编写成一个决绝冷酷的故事，落笔几近残忍，用她一贯的通透和练达剖析人生、欲念、得失、情爱，可是，张爱玲还是给人这样的感觉：看穿，却终究放不开。这样一来，就不难理解王佳芝对易先生，哪怕是一瞬间的温情，就在所不惜飞蛾扑火，就好像张爱玲对胡兰成一样，曾经就是天南地北地辛苦地追随着。

爱情里面的沧桑，也许很多人都经历过。当一个人不爱你的时候，执着与纠缠就没有任何的区别了。

要知道如今有很多人在一起其实并不是因为爱情，而是因为刚好适合而已。因为在现实面前，最后的一点奢望也会被埋没。

爱情，被认为是一种瞬间产生的感觉，是一种激情的产物，它并不像房子和车子那样能带给你比较实在的安全感。或许爱情的风险非常大，它并不怎么靠谱，它是消耗品，是奢侈品，却唯独不是必需品。

有人说："我发现，我根本没有勇气离开那个人。不想再花时间，去重新认识、习惯另外一个人，花时间去接受他的一切，然后，再互相伤害，重复再重复。一直到最后，你就会发现，连自己都不知道谁真正爱过自己。"

这就好像是人长得越大，就会对接纳新的朋友更加地抱有惰性。十几年来的朋友圈子差不多就定型了，因为这个时候的你已经知道对什么人应该肆无忌惮，与什么人可以把酒言欢，你知道并且笃定有哪些人可以一直在你身边不会离开，不会让你患得患失。每个人把自己放在一个安全舒服的位置，以积蓄力量面对风波陡起的人生。不要害怕，因为离散的都不会再相遇，可以肆无忌惮的也是时间的记忆。

爱情，就是迎向他人最大的冒险。它与你之前的一切逻辑都是不相同的，甚至与设定好的想法都不一样。一个原本不怎么熟识的人，抱着走进彼此生活的目的，开始了一场名叫互相了解的角力，如果双方都没有弃局，就会是一场不错的结局，叫"在一起"。

然而并不是每一场相遇都会非常的顺利，有的人因为不懂真正的感情而伤害了彼此。而言语有时候就这样被滥用，然而大多数人都会被言语所迷惑，说到底，被迷惑的就是人的内心。每个人说起爱情来都是满口金句，一身的绝技。

面对感情，应该从开始的时候，就保持一颗真心。那些热爱在暧昧里浮沉、情欲里打滚的人，他们自会有他们的命运。我们需要做到的就是千万不要因为别人而改变你的初衷，你的真心。你要的是简单，一份最纯粹简单的爱情。你要是认真，哪怕结局不是好的，你也要明白，一定会有与你真心相待的人。

　　如今有很多因为物质而选择婚姻的人，可是不能说别人就是错的，因为在我们自己都不能说对一份爱情始终明了的时候，又怎样去安慰别人呢？她们的选择也可能是对内心的一种安慰。爱情已不再是我爱你、你也爱我这么简单了，爱情本身就逐渐地不值钱了，因为越来越不纯粹了，还没爱就是一副历尽沧桑的老态。

　　理智与现实会一遍遍地在你的心中被想起。有的人，拥有自己的职业领域，甚至还有不低的职位，但总是会不快乐，会有无力感。也许就是因为在心里有一个地方是空的，当快乐和悲伤的时候没有可以分享的人。这让他们相信婚姻伴随着的首要条件就是爱情。

　　熟人与老同学都是知根知底的人，没有不知道的纠缠，因此可以省去许多麻烦。是的，前提是他们之间是彼此喜欢的，会走下去。始终相信，他们会一直走下去。就算是最后分散，也不会觉得奇怪，原因就是大家已经是亲人了，后面来的任何人都替代不了。

　　在爱情里有没有非常地喜欢一个人，可以为那个人做任何的事情，甚至开始考虑未来，想要与他结婚，想未来每一天都跟他度过，可是对方却不爱你。你越坚持越努力，你们越来越远，以至于到最后你们成为陌生的人。直到你的心里沧桑成说不出的模样，哪怕现在，你已经不爱他了，但是如果那个人再回到你的身边，你应该还是会照顾好他的吧？就像亲人一样。最后一句话是那么地戳人，我们知道，所有的爱情到最后都会成为亲情，爱人终究会成为亲人。然而这是一段并不甜蜜的过程，但是它是心里一段最纯粹的情感，有一种饱和的浓度。

　　就是因为纯粹，所以就算是被时间和琐事蒙上了一层沧桑的灰，却依然能够在一阵风吹过以后看到它乍现的春色，那是爱情本来的样子，就算是旧了，也没有变，以为忘了，却还在，在心里尘封成一种静止的模样。

因为那个人是你青春最初萌动的开始，甚至是你懵懂的开始，那是非常透明的，一想起都觉得美好的事情，只是不能碰，一碰或许就不再是最初的模样，而这就是最初的爱情。因为那时候只想，如果两个人可以互相喜欢，是最美好的事了。

然而我们要知道，这并不是找个风花雪月的借口就可以圆满的，也不是拿着爱情就可以当面包以逃避现实，更不是把对方的身家条件都列出来就可以随意挑选的，这是个担当承受的过程：先把爱情与生活掺杂在一起，变成汤饭；之后再把爱情与生命纠缠在一起，血肉相连，不离不弃。

因为爱情，怎么会有沧桑！爱情中总会有喜有悲，然而在其中都会有所收获，最终你会看到你的答案。

爱自己，才是终身浪漫的开始

张爱玲这样说过：分手时如果还爱着，请成全他，如果不爱了，请成全自己。

作为女人，你需要做的第一件事情就是让自己爱上自己。其实在爱情中，爱一个人的最好方式就是替他好好地爱自己。爱，也就是想要一份属于自己的温暖，有一个可以依赖的肩膀，可是你需要明白，如果你连你自己都不知道好好爱惜，那么还有谁会来爱你呢？不要轻易地相信别人所说的那些甜言蜜语，什么无论你变成什么样都会永远爱着你，什么天荒与地老，其实我们每个人都是孤独的旅行者，想要别人能够对自己更好一些，首先要自己对自己更好一点。

都说女人的心是善变的，其实主要是女人身边的环境在改变着。女人的压力，有三分之一都是来自这个社会的，有三分之一是来自自己的工作，剩下的三分之一就是来自男人。如今社会开放、进步，女人有多大的本事就能够撑多少天，这就是女人的骄傲，有时也不得不说是女人付出与牺牲的结果。把事业做强就非常不容易了，更何况还要将自己的家庭与事业之间的各种关系都处理得恰到好处呢！

其实女人能够依赖男人但不能失去自己独立工作的能力。如今很多人，等到自己的事业开始有了起色，妻子也熬成了黄脸婆，曾经的打拼都变成了如烟往事随风飘散，却越觉得与妻子失去了共同语言。这个时候妻子才恍然发现，原来自己的一切早就已经为这个人、为这个家全部地付出了，可是最后却失去了自我。不是说不应该付出，也不是所有的结局都会是这样的，然而只要发生了这样的事情，相信就会出现一个伤心的女人，在《蜗居》当中，宋思明的老婆就把自己的全部输掉了，最后什么都没有留下，这有她自己的责任，可是更多的难道不是悲哀吗？

爱情，就是两个人的事情，不爱了，也不会是一个人的责任。奉献与付出有时并不是爱，而是一种枷锁；失职与错漏有的时候并没有什么错，只是没有遇到合适的。有很多女同事都爱开小会交流一下管理老公们的经验，有很多人都说，管男人一要管住男人的钱包，每个月的工资都要如数地上交；二是管住他的胃，让他到了吃饭的时候就能闻着香味回来。

女人如花，说的是女人外在的美丽；女人如水，指的是女人内在的气质。女人可以不像花那样绚丽漂亮，可一定要有去和花朵比美的自信，世间没有两朵一模一样的花，也不会有两个完全一样的女人，所以说你就是最独特的，每个人都有独一无二的美。修边幅是必须的，自信是最重要的。女人如水，是女人特质的体现，娴静、温柔、坚韧、善良、包容等，所有"上善"的都"若水"，女人如果做到了如水，应该也算是做到了自己人生中的辉煌。拥有了这些，或许比拿着账户和锅铲要自信也自立得多。

女人一定要会爱自己，另一方面不要一味地将自己付出，还要适当地利用周围的环境以及自身的条件汲取一些营养给自己，要让自己更加丰富和充实，不要一边奉献，却又一边哀怨，有依靠的时候可以小鸟依人，没有依靠的时候也可以长成大树。生命在于运动，生活在于不断的反省，要时刻地激励自己不断地调整自己的心态，愉快地前行。

女人，也应该狠狠地改变自己，做一个高情商的女人。你一定要学会照镜子，你一定要先爱上自己，一定不能欠太多的情债，你可以痛快地哭泣，但请一定要学会狠狠地改变自己。

作为女人，是要学会照镜子的。现在有不少人还觉得总是照镜子是一种自恋的行为，其实也不能那么理解。照镜子也是一种自我端正的态度，是能够提高自信程度的，一个敢于照镜子的女人是敢于面对自己的人；并且照镜子也能够随时地注意一下自己的妆容，一个整洁自信的女人会比用任何化妆品都显得更有气质。因此，你可以从现在开始在每天即将出门前，照下镜子，对自己说句加油，相信当天会是很美好的一天！

作为女人，你还要学会享受寂寞。如今的社会变得越来越寂寞，灯火通明的夜晚有多少人还在独享着寂寞，孤独着辗转反侧，认为女人面对别人的一点温柔就可以脱离孤独那是个天大的笑话，没有一个人能够一直被谁簇拥着，世上的每个人可以说都是一个个体，就算是两块吸铁石相吸，它们也永远改变不了这个事实。当你孤独一人时，不要因为寂寞而轻易地接受一个人，这样你就不会落入寂寞的圈套。我们战胜空虚唯一的办法就是去享受寂寞，让自己的内心学会宁静。

在这个世界上，谁都没有任何的义务去爱谁，唯有自己可以好好地对待自己，善待这个世界，只有这样你才会得到幸福。

很感谢你能来，也不遗憾你离开

　　张爱玲这样说过："爱一个人很难，放弃自己心爱的人更难。"作为女人，你要学会放弃不爱你的男人。爱过，痛过，伤过，一定要懂得的就是放弃，男人是不会喜欢死缠烂打的女人的，就如张爱玲所说的那样，分手的时候如果还爱着，请成全他，如果不爱了，请成全自己。其实在这个社会，看开了就会明白，有些爱情也就是因为自己将其美化了，我们不该放弃一整个世界而又十分偏执地去爱那个永远都不会爱上自己的男人。

　　也许，在你太爱一个人时，因为他知道你是不会离开他的，就算他把你伤害得一塌糊涂，他还是有足够的自信仅用一个爱字就可以抹平一切。这样的一个人是不值得你付出真心去爱的，这样的人爱自己远胜于爱你，他的自尊与骄傲，他的一切需要都要比你的爱来得重要，就算你非常爱他，可是你永远是他最后的那个选择，而他的心思要用在那些得不到的人、事上。因此，这样的人不会那么容易爱上你，而这样一个不爱你，暂时也不想用一点点心思和时间去发现你、爱你的人，非常容易跟着这个世界的诱惑而去，他是不属于你的，不只是现在，将来也是，不只是一颗心，还有一个人。

　　如果爱上这样的一个人，爱他越多就意味着伤自己越深，是你的爱使得你把自己失去了，同时还失去了你的爱。千万不要宠着别人让别人伤害自己，要是你的感情过剩的话，不妨留一点爱与自尊给自己，说不定有一天他还会认真地喜欢上你。

　　爱上了一个不爱你的人，就好像是一场赌注，你不停地等，不停地投入自己的感情和时间，只是为了赌注一个无法预知的未来。这样的感情，是非常来之不易的，守住更难，爱得辛苦，恨得无助，倒不如放手。

一个不爱你的人，你最好站到远处欣赏，但不要去爱他，因为你付出的不论多少，对于他来说都是没有太大价值和意义的，对你也就会存在着一种潜在的伤害，就像你把花送给了一个并不爱花的人，对花来说就是一种糟蹋，而对那个不爱花的人来说也会是一种负担，他并不会因此就去感激你去爱你，因为当他手里拿着花时，他就不能去拿其他喜欢的东西了。

　　同样的，如果你把感情交付给一个并不爱你的人，那么这对你来说，有的时候不只是一种时间上的耽误，而且在感情上也是一种伤害。最后你可能会因此变成一个对感情总是失望的人，就算是真的感情来临，也会因犹豫不定而与之失之交臂。人生太短，人的感情也非常的脆弱，经不起太多的伤害，心一旦伤透了之后，人就会逐渐地变得冰冷、僵硬、麻木。因此要是可能的话，不要去试图爱一个不爱你的人，因为不管你的爱多么重，他也不会懂。

　　一定要相信自己，世界如此的大，你终会遇见爱你的人，而你也会爱他，无论你贫穷、衰老或是疾病，他都不会离去。每个人都是独一无二的，有一种与众不同的美，有很多时候，大家缺少的就是发现。不要把自己的爱塞给不爱你的那个人，还是把它留给最爱自己的那个人吧。尽量给自己的时间多一点，让自己的心慢慢地发现，相信你会遇到一个懂你、惜你、怜你、一如爱他自己一样爱你的人，如此再多的付出，都会划得来。

　　爱，是一个人一生的事情，是要两个人去完成的，只有两个心里有爱的人才能最终牵手穿越尘世的风雨，一同走向爱的地久天长。

　　放弃不爱自己的人，也是一种解脱，放弃了不爱你的人，你将会获得享受快乐的自由，所以你应该感到庆幸，而不应该感到悲伤难过。

　　他不爱你了，就不要在他面前再伤心难过，更不要流泪，因为眼泪不一定就可以换回爱情的，这样也许会让他小看了你。不要在生病的时候和他说你非常地难受，学会自己照顾自己吧。不爱你的人，是不会有过多的精力给你照顾还有关心的，甚至只是同情一下。有很多人，在爱的面前迷失太多了，连重新站起来的勇气都没有，就更没有骄傲了。一定要永远记得，唯有愿意也可以为自己付出真爱的人，才会真正地去疼惜你，而不是，旁观地同情或是怜悯。你不要对他说"只要你开心我就开心"，因为这样的话在他爱你的时候会显得比较情真意切，但是一旦分开了，这样的话，就算是出自你的真心，还是会让他感到你是在给他压力，何必这样逼一个你曾经爱的人呢？幸福需要自己去把握，千万不要把自己的幸福寄托在任何人的身上，女人要明白！

如果他不再爱你了，不管之前的他是爱过之后又忘了，又或者是从来都没有爱过，总的来说，当你没有办法成为他心里的那个人时，他的心便不会记得你，也不会在乎你。就算他知道你是深爱着他的，或许也能感受到你的关心，可是他宁可装作不知道。不爱了的那个人永远是先放得开的。所以，你也不需要去折磨自己，让自己痛苦的时间太长。

一定要让自己学会自然，要是你选择了坚强地接受，你们的结束就会被认为是没有缘分，也许在他的心里，还会留下一些遗憾；但是如果你不够理智，总是想做一些挽回这段已经不可能存在了的爱情的事情，这样的话你们的结束就会被他看成是性格不合。

当他已经不再爱你了，请你不要太过难受，也不要在遇到麻烦的时候就去打搅他。他那儿绝对不是你应该去的地方。或许他会在接到你电话的时候，淡淡地安慰上几句，并且送上衷心的祝福之后就挂掉电话。当他不爱你的时候，你的爱，你的人，就会显得廉价很多。你处于下风，这就是人的本性。

或许感性的你还会再想起来什么，于是马上就说："我们见一面吧，我们可以一起吃顿饭吗？"要是你以为吃一顿饭，见上一面就可以挽回你已经失去了的爱情，那么你就大错特错了，因为这就是一种犯傻的表现。这个时候他接到了你电话，心里肯定非常的烦躁了。所以他就会说："我现在有点事情，等有机会吧。晚点的时候你再给我电话吧，或者我给你电话也可以。"至于你，在这个时候千万不要当真，他不过就是找了个并不高明的理由来搪塞你。你千万不要认真地去等，不要骗自己，更没有必要伤心。因为这样的他，是不会因为你的等待而终止他自己的忙碌的。

因为对于他而言，在生活中会有很多事情都是非常重要的，而最无所谓的应该就是已经逝去的爱情了。当他不再爱你的时候，请不要再对他讲你的那些琐事了，也不需要再没话找话说了，因为这样做是最愚蠢的，也是最无谓的。也许这个时候，善良、痴情的你只不过是希望让彼此更熟悉一些，不要一下子让局面变得太僵。

实际上，你只是暂时还没有办法过自己这一关，而他却是没有兴趣再了解你了，你的生活，你的过去，你的长处短处都与他无关了？就算是讲了，他应该会很快忘记的，就好像他忘记曾经对你说过的话一样。没有爱，就注定了你不会再挤进他的生命。就算你要的只是一个很小很小的角落。在他的眼中，你曾经有过的优点全部都会成为一种负累，不再是吸引他的理由。

他不再爱你了，就不要总是给他发短信，如果他的工作压力很大，你的短信或许只能给他带来更多的烦躁，是不能使他摆脱压力的；而他如果过得非常好，你心里知道就好，学会默默地关心就好。当他不再爱你的时候，就不要再回忆你们曾经有过的热烈与深情，因为那样只会使你无法自拔，过去的终究是过去了，不要再幻想你们可以再来一次深情的对视或是拥抱！因为他再也不可能因为这些就重新爱上你。所以说不爱了就是应该放弃了，不要再去寻找曾经，放弃了就会得到释然，就会轻松。放下吧，同时也是把自己从泥潭里救出来！

爱情，其实和你想的不一样

张爱玲面对爱情的时候这样说过：遇见你我变得很低很低，一直低到尘埃里去，但我的心是欢喜的。并且在那里开出一朵花来。只是在现实的生活中，爱情不一定就是对等的。当你爱得更多，付出得也更多的时候，你自己就会看到自己的卑微！

爱情里所谓的那些海誓山盟、地久天长可能都是爱情里的一纸苍茫。只要爱情与现实结合了，不管两个人曾经发下怎样惊天地泣鬼神的誓言，在现实面前也将会显得十分苍白无力。于是就会有人说，爱情就是爱情，是纯粹的，是单一的。同样的，现实就是现实，是残酷的也是无情的。然而活着的爱情逾越了生死的考验，也经得起金钱的诱惑，还可以抵得住流年的打磨。

每个人都有过纯粹的年代。我们会将爱的初体验藏于心间并珍藏。在流年颠沛的脚步中，伴随着逐日的成长，就不难发现本来认为埋藏在内心深处的爱情故事，在物是人非后，竟然是那么的简单。成长的经历告诉我们，年少时我们根本不懂什么是爱情。这个结论令人有些沮丧。太过于完美的爱情只是童话，而我们是在真实中生活的人群。可以说人们都会有这样的想法："剧中沉迷戏情美，戏后恍悟剧本虚。"完美的剧情只是教我们读懂爱的本质。要是我们太过于沉迷只会让自己深陷其中。真爱，实际上就是我们对爱最本质的理解，还有内心深处对爱保留的一方净土。这是一种美好的信念，也就是这种信念，才会推动着我们的生命前行。

现实的社会能够使人们看清太多东西，其中也包括了爱。这样我们就可以对爱有更深刻的认识和理解，这样我们就可以对爱作出更好的诠释。如今有多少不曾相识的人就因为金钱而在一起，又有多少相爱的人是因为金钱而不得不分离。是现实的生活动摇了我们，还是我们爱的程度不够深？是的，这个年代的我们失去了太多的美好与纯真。但至少这个年代是不缺乏爱的，缺少的是把爱当回事的人。

每一个充满理想抱负与智慧的人，刚开始都会对自己说，只要活着就可以出人头地。就算年轮的回旋还没有把那绚烂的一幕写在生命里，但是仍然还要坚持告诉自己，只要活着，就可以主宰辉煌。人不能没有一颗拼搏向上的心，因为我们还活着，而只有活着的人才会有希望。相信无论任何事，到了最后，结局都会是好的。如果还没有看到美好，就是还没有走到最后。

如今每个人都在努力赚钱，也许就是为了不让自己的爱情受到别人金钱的考验。这个世上的每个人或许都是生活在理想与现实之中的，我们本不想将爱情与现实联系起来，然而这就是现实。如果两个人分手了，之后再将所有的责任都推卸到对方的身上。这样的爱情在别人眼中，也不过是一个笑话罢了。

被现实击败了的爱情或许会有这样的一种解释，就是男人的无能。男人和女人相比较，女人的意识还算清醒，每个人都有自己追求幸福的权利。而男人，要是给不了自己心爱的女人幸福，还有什么资格说爱呢？

也许，每个人人生中都会遇见一个人，一个让你对爱幡然醒悟的人。到那个时候你就会发现，很多时候我们并不能自私到通过牺牲别人来成全自己。你会发现，再坚贞执着的爱情也许都会有苍白无力的时候。将自己的前一段感情彻底地删除，是对下一任的尊重。既然选择了恋爱，那就应该努力这么做。这不只是对别人负责，还是对自己负责，也是对社会的负责。

在很多时候，我们或许并不想一个人，坚强的外表只是为了掩饰自己内心的脆弱，不想被别人看穿的原因就是为了保护自己不受伤害。这样的状态会让我们感到恐惧。人在孤独的时候才会比较容易爱上另一个人，然而这样的感情是对的吗？

追寻爱情的时候，应该有一颗坚强而自主的心。让自己脚踏实地，拥有经济独立的能力和面对现实的耐力比盲目地寻找感情更重要。不要在空虚时随意和不爱的人开始一段没有结果的感情。

爱了，就请深爱

张爱玲曾经在爱情面前这样说过："爱你值不值得，其实你应该知道，爱就是不问值得不值得。"对于胡兰成的品性、为人还有政治立场，张爱玲一定是非常了解的了，可是她还是无法控制自己，最终陷入与胡兰成的爱情深渊，这也是她一生痛苦的深渊。恋爱的女人是管不住自己的，就和很多吸烟的人一样，本就知道吸烟是有害的却还依然吞云吐雾。

这么来看，爱情有时也是非常盲目的，没有什么值不值得的问题。当你爱上一个人的时候，你还会理性地思考吗？如果是，或许那并不是纯粹的爱情！

在爱情里，对于自己的付出就不要过多地在意，因为恋爱本身就不是加减法，不是所谓你付出的越多，收获的幸福就一定会多。而且，过于理智的想法还总是会伤害你们之间的感情。

若没有出现原则性的矛盾，只是生活上的一些琐事，习性不同，或者谁忘记了谁的生日等等这样无关大局的矛盾出现时，千万不要轻易地就说出伤害对方的话。人的本性都会或多或少地追求完美，感情也是。如果轻易地让什么事情成为影响你们感情的因素，那么如果再次提起，就会再次造成伤害。

女人需要让自己变得更宽容一些，因为这样能够换来男人对你的真心与忠诚。男人更需要让自己宽容，因为这不只是一种自然的选择结果，还是你应当具备的品质。发生矛盾的时候，彼此之间要懂得让步，让步给自己的爱人又有什么不好的？两个人需要面对的是彼此在一起相互守护一生，不要因为生气就把自己的幸福早早地断送掉。宽容使女人更可爱，也会更有魅力。

在爱情中，在面对一些琐事的时候就会出现层出不穷的矛盾，吵架也可能是两个人之间无法回避的问题。可是不管多么的激烈，请不要再重新提起不好的往事，因为那除了会更加疼痛以外，是没有任何的意义的。倒是可以将美好的往事重新回忆。

要知道爱情并不是加减法，一定不要循规蹈矩、按部就班。感情的付出一定要对等吗？希望会这样，可总是事与愿违。所以在爱情里面不要计较谁付出得更多，因为在一起本身就已经是最理想的回报了。原来女人的爱情是不需要太多理性的，而更取决于她的直觉。只有抓在手里的时候，才会感觉到自己拥有的是不是真的。

爱情，并不需要自己理性地去分析，因为爱情本身就是感性的。爱情来了就是要去爱，分析来分析去没有任何实质行动，那还是真正的爱情吗？

婚姻中，

扔掉那些"完美主义"

hunyinzhong,

rengdiaonaxie"wanmeizhuyi"

张爱玲遇见爱情很晚，为了爱情，她匆匆地结了婚，但是婚姻并没有给她带来太多的幸福。爱情的浪漫和婚姻的现实总是充斥着冲突，婚姻应该是爱情的港湾而不应该是坟墓，因此，婚姻需要经营，经营好了才会是两个人的幸福。

　　张爱玲是中国现代小说名家，夏志清称她为"今日中国最优秀最重要的作家"。20世纪40年代末，张爱玲几乎红透整个上海文坛，就这样一位条件很优越的女作家，但是她的婚姻却是不幸的，并且一次又一次。

hunyinzhong,

rengdiaonaxie"wanmeizhuyi"

好丈夫，是你培养出来的

1944 年 1 月，张爱玲与胡兰成相识，然后就坠入了爱河。胡兰成当时在政治上投靠汪伪政府，同时在两性关系上他又是一位花心男人。早在追求张爱玲之前，就已经有过两次婚姻，后来和舞女、寡妇、护士等都有暧昧关系。但是张爱玲却对胡兰成百般体贴，一往情深。两年后，张爱玲在乱世中跋山涉水不远千里到温州寻夫，此时，胡兰成一见张爱玲的面，第一反应并不是高兴，不是热情，而是板着面孔大声吼道："你来这里干什么？"当晚更是拒绝她在家里住宿。尽管张爱玲不计名分，不要回报，只求"岁月静好"，但是得到的却是愤怒、烦恼与痛苦，后来他们俩以分手而告终。

1956 年，张爱玲到了美国，在麦克道威尔文艺营认识了赖雅，这个时候距认识胡兰成已经整整过去了 12 年。赖雅是位德裔美国人，从事文学创作，两人志趣相投，惺惺相惜。他因为她的孤单而伸出友谊的手，她因为他的落魄而怜悯同情，于是两人就相爱结婚了。此时的赖雅已经65 岁，而张爱玲才 35 岁。但是却好景不长，赖雅以前曾经有过两次中风的经历，婚后中风更是隔三岔五就向他袭来，张爱玲无形中就变成了他的看护妇。1967 年 10 月，赖雅病逝，尽管张爱玲得到了解脱，但是精神与体力差不多已经给掏空了。

毋庸置疑，这是两次不幸的婚姻。张爱玲一生写过无数爱情婚姻故事，并且都是悲剧，相信她对男女婚姻特别是对男人的心态、爱欲、追求等会有透彻的了解与体察，为什么她没能为自己设计一条通往"执子之手，与子偕老"的路呢？据我看，根源之一就是张爱玲"唯才是举"，在择偶的时候把"才"放在十分重要的位置上。根源之二，"唯爱是举"。在张爱玲的婚恋观中，爱也是非常重要的。她认为，"爱是无目的的""爱就不问值不值"，爱就是付出，爱就是奉献。所以，她甘愿为爱人委屈，为爱人吃苦，为爱人烦恼。

择偶的时候注重另一半的才华是可以理解的，有才要比蠢笨如牛好得多。"唯爱"其实也就是西方资产阶级的爱情至上主义。要取得美满的婚姻，这两者当然都是极为重要，不可或缺的。但是不能"唯"，唯就脱离实际，陷入了盲目性。和胡兰成的这段婚姻，给张爱玲招来许多的麻烦和障碍。到了大洋彼岸之后，张爱玲对赖雅的健康也是知道的，健康虽然不等同于政治与人品，但是同情与爱情却是两码事，并且当时他已经65岁，跟他结婚幸福从何而来？

张爱玲为什么会"唯才"呢？这有她深厚的文化心理背景。她从小就崇拜天才，11岁的时候曾经发表一篇小说《天才梦》，反映了她对天才的向往与崇拜。此后她也以被人称为"天才"而沾沾自喜。还有，张爱玲小时候读过很多才子佳人方面的书，书中的才子毋庸置疑对她会产生影响。"天才"两字早就已经深深地嵌入她的脑子里了。或许这就成为她以后结交朋友，待人处世，选择配偶的时候的重要参照因素。

张爱玲出身于名门望族，祖父张佩纶是清末名臣，祖母李菊耦是朝廷重臣李鸿章的长女，但是到了她父亲这一辈，家道中衰。父亲嗜食鸦片，母亲流浪欧洲，张爱玲从小缺乏父母之爱，这是否就成为她以后用男女之情爱来填补父母之爱的不足呢？她的两任丈夫都是父辈的人，她是不是想从他们身上获得父爱呢？张爱玲是一位著名作家，她的爱情婚姻有丰富的文化内涵和生命意义，如此这样，它就有其值得思考的地方。

男人爱看女人眼前怎样，但是女人就不一样了，女人爱的是男人今后如何。

二十几岁的美女们都向往着能够找到一位满意的男人为伴，可以让自己从此过上幸福、无忧的生活。

提到了这点，相信许多美女在选择男人的问题上都普遍存在一个误区，那就是没有钱的男人不选，选择那些至少应该是有车、有房的才算对得起自己，才称得上是没有贻误终身。

这肯定是个很大的误区，我们可以认真思考一下，那些有车有房工作又好的男人，风光无限，想要嫁给他们的美女没有一个排，也有一个班，你本身如果没有一些出众之处，相信很难得到那些男人的青睐。

当然，那些男人在择偶的问题上，因为他们的自身条件相当好，所以相对来说，假如你并没有什么门当户对的家世，或者出众的能力，仅仅只是想凭借美貌一点来令他们死心塌地是远远不够的。这样的婚姻就算是存在，幸福的可能性也不大，也不会被大多数人所看好，相信很多嫁给过这类人的已婚女士会深有同感。

这就好比古代皇宫的众多嫔妃一样，她们中真正可以得到皇帝宠幸的又有多少个呢？一个又宠幸多长时间呢？

因此现在二十几岁有头脑、明事理的美女们并不需要都把眼光盯在那些物质的条件上，她们更明智的抉择就是选择那些有前途的男人。

这些男人，年轻有能力，上升的可能性很大，对于建立婚姻的基础相对来说是较为平等的，可以说，在其上升阶段相爱或者结婚的女人，将会是他终身都不会忘记的伴侣。稍有良知的男人都会把这样的妻子放在人生最重要的位置，他也许会认为你是他生命的贵人，有了你，他的事业才能够平步青云、扶摇直上的。

这样的结果，你心动了吧！心动不如行动，那么怎样才能够挖掘出这样有前途的男人呢？

首先，就要给自己树立正确的观念：选男人要选未来而不是选现在。现在有钱没钱没关系，我选择的是他的将来，是他与我结婚以后他能够拥有的潜力。

其次，就是要观察男人的能力。男人的能力是其以后发展情况最好的预测，拥有较强能力的男人，常常就是将来能够升值或者有大发展的男人。

再次，就是看他的人品。何谓人品呢？其实也就是为人处世的风格、生活作风问题（特别是男女关系方面）、社会道德的遵守……

最后，也是最密切相关的问题，就是他对婚姻及家庭的态度。要知道他这方面态度将会直接决定你婚姻的幸福指数。

你现在的观念发生了翻天覆地的变化了吧。就是这样，只有这样，你才能够找到一个有升值可能并且对自己真正好的未来"钻石王老五"。

你的选择没有错，记着选男人一定不要步入误区，一定要选那个有升值可能的男人，而不是现在的有钱人。

二十多岁的时候，她有两个选择。一个是文艺青年，梦想充沛，志向远大，听起来很给劲儿，只是两个人一起空谈、一起做梦就能够消耗掉所有精力，当然，性也很美满。另一个是颓废派，梦想很含糊，志向很金钱，听起来太现实，看起来却有点衰，但是两个人缘分不浅，而性的美满程度要打折扣。后来不出所料，她选择了前一位。

三十多岁的时候，她已经离婚，主要是由于文艺青年经不住现实的打击，一蹶不振。于是她就开始继续寻觅适合自己的男人，然后就义无反顾地想要挣脱不完美的婚姻，自主地加入"剩女"行列。这个决定在当时看起来是爽快的，但是在随后的几年变得艰难。后辈层出，竞争激烈，不用赘言。

在自己跌宕起伏的这段时日里，她得知第二位男友也结婚生子了，过上了平静的家庭生活。有一年春节，群发短信里出现他的名字，她想了想，就回了一句略带调侃的祝福。他知道她离婚了，只是说，很羡慕。

又过了一年，她仍然单身，但是却变得开始怀旧，突然找回荒废已久的 QQ 应用，看到多年前的朋友的头像还在亮就会非常感慨。他们的头像，大都变成了小儿小女，或是全家福。就在这个时候，她看到曾经很衰的颓废派竟然变成了摄影爱好者，私人图库里的照片都跟韩国电影剧照一样，竟然是温馨的青春派。她看到他拿着单反相机的自拍照，颓废得恰到好处，青春年代的消瘦变成略有发福，变成了恰到好处的慵懒。她不知道他是出于逃避的心，才会迫不及待地背上相机，离开婴孩啼哭、主妇强悍的家。

她只知道，从 20 岁到 30 岁，两个男人逐渐地互换了。文艺青年会变得拜金、猥琐、挫败、可恶……颓废派会找到合适的发泄途径，把酒精、香烟替换成正当爱好。假如现在让她去选，她当然会选第二位；但是假如没有当初的选择，他们都可能不会是现在的模样。没有办法回头，也就没有办法重新选择，也无法假设人生可以重来。她只是想笑，当初自己方方面面权衡，甚至考量了性能力和遗传基因，但是最后还是败给了时光流变。所谓选择时候的考量，是多么可笑，只不过是依赖当下罢了。

有些女人选男人，选的是未来，有的选当下。谁也不能够保证，选得肯定正确。当下、未来或过去，每时每刻都在变。她想，大概，其实，是根本就没得选的。他们，只不过被证明了，都不是她的。

你不能够假装自己是未来的预言家，也不能够去怪罪过去的自己缺乏眼光。

就像童星不一定就会成为高智商的大明星，曾经下定决心去爱的人不一定会向自己的梦想方向冲刺，曾经被你放弃的对象也不一定永远都是衰仔。

错位的时空感觉，错位的选择，在不同阶段成熟的男人们，只有一次青春的自己……就这样叠加倍增了爱的难处。

平衡好事业和家庭，不做孤独女强人

在张爱玲的生活中，假如不是胡兰成先于桑弧出现，那么张爱玲的一生恐怕也就不用经历那么多的磨难吧，凭借桑弧的才能和人品，他完全有能力为张爱玲铺设一条坦荡的大路。

1944 年初春的一天，南京市一座庭院的草坪上，躺在藤椅上翻阅《天地》第 11 期的胡兰成还没有读完张爱玲的小说《封锁》，就已经被作者干练细腻的笔调所震惊。刚一回到上海，胡兰成就立刻去拜访张爱玲，然而，他碰了壁，从门缝中塞进了一张纸条，留下自己的电话，悻悻而归。第二天，张爱玲给胡兰成打电话，告诉他她会上门拜访。就这样，张爱玲与胡兰成，一个是当时上海最负盛名的女作家，一个是汪伪政府的要员，在乱世之中，他们相识、相知、相恋，但是，不幸的是不久后他们就分道扬镳。正是这短短的一段爱情生活，给张爱玲以后的人生染上了极其灰暗的色彩。

许多人始终不明白，年轻聪慧的张爱玲为什么会看上人到中年并且已经有了家室的胡兰成。首先，这和张爱玲的经历有关，再就是和胡兰成的性格、才学有关。尽管张爱玲出身豪门，因为父母的离异，从小心灵受到过严重创伤，张爱玲的性格孤寂，不爱言语，也不擅长与人交往。而胡兰成呢，不但风流倜傥，也非常会讨女人欢心，另外，胡兰成有才气、文学修养高。更重要的是，胡兰成对张爱玲的作品理解深刻，毋庸置疑，胡兰成对张爱玲的创作也能够提供帮助，他们相爱的时候，正是张爱玲创作的鼎盛期。在《小团圆》中，燕山对九莉说："你大概是喜欢老的人。"九莉觉得老的人至少生活过，因为她喜欢人生。

对于张爱玲与赖雅的结合，不少人更为张爱玲感到惋惜，认为一个年长张爱玲29岁的美国三流作家，晚年贫病交加，他能够给张爱玲什么呢？甚至有人说：在美国，张爱玲应该嫁一个有经济实力的男人，在富裕的条件下，安心自己的创作，岂不是更好？

读过《小团圆》，我们就能够真正理解张爱玲两次婚姻选择的理由，张爱玲不糊涂，她清楚自己需要什么，因为她太看重人生，她最欣赏一个男人坎坷丰富的阅历。

张爱玲不但明智并且善良，在人生的每个阶段，她都清楚自己该做什么，也从不放弃自己应该承担的责任。抗战结束的时候，胡兰成躲到了温州乡下，因为胡兰成的风流成性，张爱玲清楚自己不再爱他，当然，她更清楚他早就已经不爱她了。但是，在胡兰成最落魄的时候，她并没有马上抛弃他，而是等到他安全以后，才写信与他断绝关系，并且还把自己的稿费邮寄给他。

张爱玲清楚什么时候自己该离开上海，她知道自己不应该拖累桑弧，当时，多少人看好她与桑弧的感情，但是，假如她坚持得到桑弧，那么，到后来，两人的生命恐怕也就不保吧？

当然，张爱玲肯定是不可能预测到后来的，但是，想想桑弧大哥的态度，看看周围一些世俗的目光，张爱玲也不可能勉强桑弧，那是因为，她是最自尊的女人。

优雅、从容、淡定、豁达，在职场中游刃有余地处理各种繁杂琐事，又或者是英明果断地为企业的发展作出重大决策，受领导重视，得同事欣赏……这些，是我们理想中的职业女性的形象。她们，不一定要是美女，但是绝对有智慧和能力；她们，有女性的阴柔美，同时又具备男人的高瞻远瞩与胸怀坦荡。

然而，尽管欣赏她们，但是我却并不想成为她们。潜意识里，我总觉得，工作能力太强的女人，常常就会把家庭经营得一塌糊涂，那是顾此失彼。

是的，女人的形象千变万化，既可以上得厅堂，又可以下得厨房；可以奔波于职场，打拼出属于自己的精彩天地，也能够相夫教子，撑起家庭的一片艳阳天。只要你学会发挥自己的独特魅力，并且保持积极阳光的心态，幸福肯定属于你。

我特别喜欢 31 岁的程小叶。作为一家公关公司的高级经理，她的工作十分繁忙，回家了还需要照顾刚刚上幼儿园的女儿。换作别人或许会叫苦不迭、烦躁不安，但是她却在忙碌的工作和生活中仍然恰然自乐。爱好摄影的她，利用周末时间带上孩子和爱人游公园、动物园，顺便拍照；利用乘坐地铁和公交的时间去拍照，来捕捉生活中的点滴快乐；利用短暂的时间在博客上发布照片，表达快乐。她喜欢创造快乐，喜欢穿色彩亮丽的衣服，因为可以使得心情也随之明亮；偶尔吃一份昂贵的蛋糕或巧克力，来犒劳疲惫的身心；不定期去附近游泳馆游泳，能够释放紧张的心情……她的人生，因为没有放弃自己的兴趣爱好，并且能够在忙碌中学会创造快乐，而处处洋溢着幸福。同时，工作干得出色，生活打理得井井有条，这在无形中又使得他们的幸福指数提高。

现在，身边越来越多的女性在职场上叱咤风云，为了事业不敢或不愿意太早结婚，就算是结婚了也迟迟不愿意当母亲。她们，危机感很重，害怕顾了家庭就会因此而失去了事业。诚然，辛苦打拼几年换来的职场地位如果因为怀孕生子而被他人取代，这的确有点不公平。但是一个家庭对于女人的重要性在我看来，恐怕比事业更加重要。结婚生子，享受天伦之乐，这原本也是女人最最幸福的事情。并且我们也都懂，女人如果错过了最佳生育年龄，对孩子对大人都不好，那是金钱和地位都没有办法弥补的。其实，换个角度想，十月怀胎，养育下一代，短期内告别职场，也不一定会让自己的工作受到影响。新闻界的吴小莉不也是一个例子？作为凤凰卫视当家花旦之一的吴小莉，这位典型的成功职业女性，也曾经说过："我最大的幸福就是，夜阑人静的时候，我靠着先生的肩膀眺望窗外的星空，孩子在我怀中安详地睡着。"那么，我们是不是可以说，事业和家庭兼顾，那才能称得上是一个真正幸福的职业女性？但是仅仅事业做得红红火火，家庭却乱糟糟，那样的女人，光鲜的表面下面，恐怕并没有一颗感到幸福的心吧。快不快乐，也只有她自己感受最深了。

夜阑人静，最爱的人陪着你；闲暇时节，可爱的小孩、亲爱的老公伴着你；风云职场，严苛的老板、友爱的同事认可你……想着这些场景，会不会觉得很温馨？当这些成为生活中熟悉的情景，那么，相信幸福，也就能够永远地围绕着你。

让我们一起努力，阳光、好学、优雅、睿智……做一个幸福的职业女性！

体谅多多，幸福多多

　　张爱玲曾在她的作品中提到，爱情犹如一场奢华的盛宴，每每盛装出席，结果却总是满杯狼藉。而下一次盛宴到来，却依然又要盛装出席。在张爱玲的婚姻中，尽管她经历了两次失败的婚姻，但是那是她的选择，她亦无悔。在她的眼中，爱情与婚姻的错位，其实也是因为大家追求的不一样。男人喜欢把事情简单化，而女人却喜欢把事情复杂化，男女的思维错位，从而造成了爱情和婚姻的错位，也造成了爱情在两个人之间的错位；而所有的人，却不得不在爱情中错位，孤独地寻找出口。

　　这个世界，天外有天，人外有人。女人所嫁的丈夫，不可能十全十美，没有任何缺点。作为妻子就需要用一种达观开朗的眼光去看待丈夫和人生，多想想丈夫的长处，比上不足，比下有余，就会让丈夫无所牵挂地奔事业，充分展示他的能量。

　　当丈夫遇到挫折的时候，妻子说声没事儿，并且给以鼓励和温暖，就能够使男人重整旗鼓，化险为夷。俗话说得好，成功的男人背后必有一个成功的女人。女人的宽容、善解人意，就是一个成功女人的成功之处。

　　感情再融洽的夫妻，也避免不了有吵架的时候。公说公有理，婆说婆有理。夫妻吵架，大多都没有对错可言，大都是双方对事情的看法不同。作为妻子，如果真爱自己的丈夫，就应该理解，男人有时也免不了孩子气，再加上男人的自尊，我们又何苦一定要逼他先低头呢？只要不违背自己的原则，有时让让丈夫，就能够增进与丈夫的感情。如果男人拥有如此明智的妻子，就必定会抛弃他那莫名的男性自尊，以更宽阔的度量来善待妻子。

　　有些女人，不知道是什么心理在作怪，就是喜欢控制自己的男人，什么都要她说了算，就好像把丈夫当成手里的傀儡。就比如说男人约会，太太不是不准他赴约，就是限制他必须什么时候回来，从而导致丈夫一再失约；丈夫在外交往需要花些钱，但是太太是个铁算盘，硬是一文不给，经常弄得丈夫穷相寒酸，下不了台；丈夫想要扩大经营业务，太太要插手，横加干涉。这样天长日久，就会使得男人失去朋友，事业难以进展，精神就会受到极大的困惑，意志会日渐消沉，最后走向失败。

偶尔女人吃点醋，给男人的感觉是甜蜜与关怀，是对男人爱得深切的表现；但是过分的吃醋却是极为可怕的，会束缚男人的自由发展，阻碍男人的事业。因为在吃醋的妻子的监视下，男人就会诚惶诚恐，加班加点回家晚了，外出应酬中跟女性有了交往，都少不了挨妻子的一顿臭骂，就会战战兢兢，会因此失掉很多成功的机会，男人想有所作为，也会心有余而力不足。

在这个世界上，脾气温和的女性不少，但是也有自私、任性的女人。她们认为地球是以她为中心，不停地运转，从而养成目中无人、自大自负的个性，不分场合地闹意见，发脾气，甚至利用男人好面子的弱点，常常在众人面前向他提出无理的要求，并把平时的积怨随意发泄，搅得男人无地自容。久而久之，男人就会愈来愈没精神，也愈来愈苍老，不知不觉就会变成无用之人了。

在这个商品经济年代，一个女人能够嫁给一个能挣钱又爱自己的丈夫，应该说是件幸福的事。但是有很多女人"身在福中不知福"，很多能够挣钱的丈夫仍然会受到妻子的挑三拣四，这到底为什么？一方面她们要求丈夫能干，会挣钱，以保证自己有足够的金钱使用；另一方面，又希望丈夫能够像护花使者一样不离左右。但是谁都知道，鱼和熊掌是不可兼得的，钱不是天上掉下来的，要赚钱就需要拼搏，就需要勤勤恳恳地干活，甚至有时要废寝忘食地投入。而当真的有钱的时候，也免不了需要应酬、公务，所有的种种，就很难要求丈夫时时不离左右，有些妻子于是就感觉到自己受冷落了，心理也开始倾斜。特别是一些中年女性，孩子大了，丈夫经常不在，就会越发感到自己寂寞无主。喜欢胡思乱想，心越想越乱，于是就开始对丈夫猜忌，怀疑自己丈夫不再爱自己了。其实，自古以来，男人就活得沉重些：在外，要做一个事业成功的伟丈夫；在内，要为妻儿遮风挡雨，让他们过上好日子。所以他们就会付出更多的艰辛，所以应该得到妻子的支持和理解。我有个同学，他不是非常厉害的人物，也不贫穷，但是他很勤奋，工作十分努力。他常常在外做生意，但是每次回家却受到妻子无休止的盘问，身心感到疲惫不堪。据我所知，他很爱他的妻子，他为此时常感到迷惑：自己在外风餐露宿，为的就是让妻儿过上舒心的日子，但是为什么总也得不到妻子的理解？

假如你动不动就河东狮吼，一有风吹草动就动手动脚，不惜以死相威胁，把他盯得死死的；积累到一定程度，他就会难以忍受，为了"自由"，只会距离你越来越远。

男人因为有了女人才有了家，家是世界上最温暖的地方。没有一个男人不恋家，只要你的家充满理解，充满温馨，让丈夫在这里能够得到充分的休息。没有哪个男人会放弃自己的家，假如真有那些不想回家的男人，你死死抓住，就能够拥有吗？所以，作为女人我们不需要患得患失，总害怕失去。给丈夫一个"放心"，好好充实自己，这样的话，我想丈夫会更爱你的。

在很多人眼里，一个好男人必定是把很多优点集中于一身的：有着高收入，风度翩翩，口若悬河，幽默机智，忠诚不渝，仪表堂堂，风流倜傥，有艺术修养，有闲暇时光，温柔体贴，个性独特等。确切地说，这样的男人，肯定是男人的奋斗目标和女人的追求对象。

但是，一个充满敬业精神的男人，基本上也就是一个没有闲暇陪妻子逛街的男人。

一个自信、处事果断的男人，基本上也就是一个骄傲、速战速决的男人。

一个有相当社会名望的男人，基本上也就是一个把社会名望看得更重要的男人。

一个富有魅力并且性感的男人，基本上也就是一个对于所有女人来说都具有魅力的男人。所以，不必天真地想象，一颗情种仅仅只限于在一个小花盆里发芽。

一个把所有的家务都揽于一身的男人，基本上也就是一个在社会上很难有大量时间开拓大事业的男人。

一个在家里省吃俭用的男人，基本上也就是一个在社会上不太会"开源"的男人。

一个生活过于俭朴的男人，基本上也就是在任何场合都不拘形式的男人。

一个每天晚上都窝在家里陪着妻子的男人，基本上也就是一个交际少的男人。

完满的姻缘，是彼此的成全

张爱玲的作品中曾提到，婚姻与爱情的区别是天和地之间的差别，正如人们所明白的，相爱的人并不一定能够走进婚姻的殿堂，而没有爱情的婚姻却有可能相濡以沫，白头偕老。

因此，千万不要让爱成为你的负担，该爱的时候，就要好好去爱，学会勇敢，学会坚强，学会珍惜，学会拥有。爱一个人，就要学会爱他（她）的过去、现在、将来以及全部。心与心相融，那是缘分，点点滴滴的渗透与积累，那是爱的最高境界。在路上，是欣喜，相互心仪与呵护，这，就是幸福的源泉。

千万不要让爱成为你的负担，心，有多高，情，就会有多深；眼，有多真，心灵，自然就会有多纯。给爱的人以春风，收获的就将是爱的阳光淋浴；给爱的人以明媚，感觉到的就是温暖的律动。这世界没有无缘无故的爱，更没有无缘无故的恨，爱一个人，既要爱他（她）磅礴的思想之光，也要爱他（她）智慧的人生火花；爱他（她）真实平凡的拥有，也要爱他（她）孜孜不倦的信仰追求。

一定不要让爱成为你的负担，你们可能会平凡，或平淡，但是你们却拥有彼此忠诚的思想在交流，不是吗？相互的爱，那是眼睛与心灵的爱，你们共栖一张床，共守一盏灯，共撑一把人生的雨伞，共握一份心灵的和谐，感动与默契，那该是多好的一件事呀！真正的爱——就是眼睛和心灵之间没有距离，心灵与心灵之间没有跨度，是完整的一座桥，连接着彼此的生命津度，最终谱写一曲爱的恒歌。忠诚与守望，在那个时候高过喜马拉雅。在爱的字典里，爱，总是代表着付出与永恒；在人生有限的时光中，爱，代表着幸福、高洁与责任。

不要让爱成为你的负担，柔弱并不是经营爱的最好方式，徘徊是对爱的一种不理解和不信任。爱，是两颗心的碰撞，是彼此双方心灵和情感的欢愉交流。爱，没有豪言壮语，有的只是每天的小桥流水；爱，没有一味的付出，更不是一幕没有谢幕的戏曲。给爱人以责任，给爱以春天，你们就会找到了一个相融相交的支点。爱一个人需要勇往直前，有时退一步更是海阔天空；爱一个人拥有并不是最终目的，让他（她）感受幸福才是全部意义。爱有的时候很困惑，有的时候高深莫测，因此，这就需要你付出百倍的精力和是无比的忠诚去诠释它。

爱一个人我们不自觉地总是想去了解他的过去，想知道他的现在，甚至更想掌握他的未来，这些都是人之常情。

每个人都是一个单独存在的个体，不管我们是否有自己的另一半，我们首先还是我们自己，没有谁能够代替。因此就算哪天我们为了某个人而改变，我们身子骨下流的还是自己的血，所以说，江山易改，本性难移，没有谁真的能够改变谁。

恋爱的时候人都是比较纯粹的，因此，总是容不下自己的感情掺杂半点虚假，总是理所当然地认为既然他爱我，他的一切就应该是对我敞开的，假如我们接收到某些信息，我们就会自然而然地想保护自己甚至是另一半，恋爱中的人总是比较敏感。

我们想要了解他的过去，正当的理由就是为了更好地了解现在的他，但是我们却不知道，即使我们知道他过去所有的一切，那也只是在给自己增加痛苦的概率，就算你知道他过去的那段风花雪月那又怎样呢？"为什么我们没有早点认识呢？"老天总是这么喜欢捉弄人，就算，你就生活在他的过去中，那又怎样？你就能够保证自己就不会成为他的过去式吗？这很难说吧，或许连他自己都不知道答案。过去只是一种形式，聪明的人其实并不过问他的过去，他想说的时候自己自然就可以了解。

因此，我们现在能够做的只是尽我们的微薄之力来掌握我们的现在，不在乎天长地久，只在乎曾经拥有，其实也只能够这样。人生短短几十年，能够在一起相处的时间其实并不多，所以更要珍惜眼前所拥有的一切，不要给自己后悔的机会。但是要怎么爱呢？谁也说不清楚。最重要的是不要一味地用自己的方式，以为你给的就是他想要的。你首先需要搞清楚的就是你给的爱他承受得起吗？假如承受不了，他就只会选择逃避，那摆明就不是你想要的结果啊。假如你爱他就应该用他的方式，那样至少他不会排斥。如果他是一个比较内向的人，但是在人前人后，你总是表现得很爱他，你难道觉得他不会反感吗？他比较喜欢安静的环境，但是你总是拉他跟你去唱K，你觉得他会喜欢吗？因此，不要总是生活在自己一个人的世界里，不要认为他爱你就一定要喜欢你所有的一切，每一段感情都是有得有失的。

不要说未来，可能今天，又或是明天你们就会因为性格不合 或其他什么原因而分手，因此没有必要承诺，承诺没有印章，所以承诺并不可以代表什么，要承诺还不如给他你能够给得起的一切。

不要让爱成为一种负担，给你自己给得起的爱，然后接受你要的爱，爱一个人就应该这样轻松；而不是要让自己负债累累，那样的爱情营养不良，早晚都会夭折。

爱情是一个永恒的话题，但是真正懂得爱情的人却并不多。就像一本书上写的：爱情就好像是跳舞，重要的不是跟上音乐的拍子，而是需要两个人默契的节奏，只有这样才能够一起完整地跳完一支舞。

事实上，相爱总是不公平的，总会有一方付出的多一点，爱的多一点；爱情是自私的，我想可能每个朋友都遇到过一厢情愿、毫无理智的爱，可能是你不顾一切地去爱，也可能是恋人痴情地爱着你，无论谁恋着谁，被爱的那个人总是很尴尬很不舒服。虽然你也知道他非常爱你，嘘寒问暖、无微不至，渴望爱情的你，根本就不在乎其他人的眼光，痴情的他也继续着艰苦卓绝的爱情战役，但是你依旧被动地接受着他的爱，他越是义无反顾，你就越是如坐针毡。这样的爱，说到底只是一种无奈、一种悲哀。他爱谁那是他的权利，但是也要斟酌后三思而行，盲目没有理智地去爱或者钻牛角尖，那结果是十分不被看好的，不仅会给被爱的一方造成负担，也会使自己受到伤害，到头来却是竹篮打水一场空。有些幼稚的人就会认为只要用尽你全部的爱，就可以融化她、得到她，那真的是大错特错了，爱情是勉强不来的，缘分、理解、默契、包容、快乐，缺一不可。的确如此，彼此认识是两个人的缘分，但是缘分并不等于爱情，因此，默契和理解就更无从谈起。"我理解你"不是那么容易说出的一句话，所以，请不要随便说。因为假如你真的理解一个人，你就不会去说，而是去做，让她在你的行动中被感动。假如你说了，就可能会让她觉得你是在做作，故意做给她看的。因此，感情被恋人懂得是一种幸福，而等待着被懂得却是一种孤独！

假如真诚是一种伤害，我宁可选择谎言；假如谎言是一种伤害，那我宁愿选择沉默；假如沉默是一种伤害，那我宁可选择离开。假如真的爱一个人，那就应该给对方一个幸福的宁静的环境，就不要随意打扰甚至破坏她原本平静的生活。当一个人固执又偏激地说是多么爱对方，你能为她做什么，这些都是空头支票，只有不成熟的人才会这样做。爱是发自内心的，是不由自主地就会为爱人着想，为爱人而努力。爱是行动，不是语言，也不是保证。

假如两人之间毫无默契，彼此不能够理解对方的真实想法，这种爱就会因此而成为一种伤害，一种负担。我们每个人对爱的要求都不一样，爱一个人没错，错的只是当这种爱给对方造成伤害和负担的时候，那就大错特错了，这也就表明这种爱有问题！最怕那种爱到痴迷时竟然成了执迷不悟，成了不可理喻，成了缺少理性的，这样的爱其实最伤人！不但伤害到所爱的人，还会伤害到无辜的亲人和朋友，有些可能还会致使本来完整的家庭破裂。就算是历尽艰辛，两个相爱的人终于能够重新在一起，但是事实上又能够有多少的幸福感和甜蜜感呢？现实生活中又有多少这样的家庭可以笑到最后，恩爱到最后？再退一步说，凭借伤害而得到的爱，因负担压力而得到的爱，我们能够问心无愧，能够心安理得吗？这就是我们想要的结果吗？

话说有这样一对恋人，大学相恋四年，他们许诺这一辈子永远不分离。四年中大学的每一个角落都留下了他们爱的足迹。毕业那年，他们放弃了回家工作的安排，为了爱双双留在了北京。对于他们来说，北京这个城市一点也不陌生，不管怎么说也曾经待过四年，相信找份工作生存下去并不难。很快地他们都找了一份不错的工作。虽然不能说工资很高，但是对他们来说已经相当不错了。他们租了一间小屋，终于有一个属于两个人的地方了，晚上两个人都激动得半夜没睡。男人拥着心爱的女人说："我一定要你过上真正北京人的生活，我要一辈子对你好。"女人什么也没有说，只是紧紧地依偎在男人的胸前。

开始的日子过得也是爱意融融，虽然说有点苦，但是那也是"有情饮水饱"。但是慢慢地，男人身边的有钱的人越来越多，看到别人老婆穿的、吃的、玩的，都非常高档，还有专车，就觉得自己很对不住自己的女人。但是每天回家女人总是很体贴地给他端上合口的饭菜，给他一个家所有的温暖。那一夜男人就暗暗发誓一定要让自己的女人过上和别的女人一样的生活。

于是男人就开始拼命赚钱，同时找了好几份兼职，每天都奔波在工作之中，女人每天仍然会做好饭菜等着心爱的男人，但是男人每次都会由于工作而没有时间回家吃。男人也会偶尔带女人去那些高档的地方，给女人买高档的衣服和首饰。但是女人感觉一点也不幸福。那晚女人依靠在男人的胸口："亲爱的，我爱你，我不想要高档的衣服和首饰，只要有你在我身边，我就知足了！"但是男人什么也没有说，他只知道这一辈子一定要女人过上最幸福的生活……

终于有一天，女人实在不忍心看到心爱的男人为了自己再这样劳累下去，于是她就给男人写了一封信，然后悄悄地离开了这座城市。

我最最心爱的：

当你看到这封信的时候，我已经离开了这座城市，感谢你这些年来对我的好，这一辈子我都会记得。我真的是不敢当着你的面说这些，我害怕我会心软，会不忍心离开你。我真的很爱你，这一生或许我不会再爱上任何人。但是我却不忍看到你为了我而没日没夜地工作，我劝说不了你的决心，所以，只有离开你，我不想你这一辈子就这样为了我而这样活着……我走了，希望你可以找到一个让你没有负担的好女孩好好地过日子，我将会永远在某个地方为你祝福……

说实话，的确很令人感动，这两个相爱的人，他们都深爱着对方，但是就是因为这沉重的爱最终使得两个人没能够走在一起。真的很可惜。不论故事是不是真的，但是都能让我们明白一个真正的道理：不要让爱成为负担！

现实中这样的事情有很多，女人总在寻找有经济实力的男人，或是总在想法让自己变得有经济实力，男人也在努力地让自己变得有经济实力。大家都在辛苦地生活着。我们反过来想想，钱真的有那么重要吗？

这世界除了钱就真的就不可以追求点别的，离开了钱，爱就会变得没有价值吗？我虽然说不太相信这世上还会有梁山伯和祝英台那样的人，但是我相信真爱还是存在的。

只想对天下所有的想爱和拥有爱的人说：好好爱你爱的人吧，不要让爱成为负担！

比死亡更可怕的，是凑合的婚姻

张爱玲曾经说过，因为平淡，我们的爱情有时会游离原本温馨的港湾；因为好奇，我们的行程会在某个十字路口不经意地拐弯，就在你意欲转身的刹那，你会听见身后有爱情在低声地哭泣。有人说婚姻是爱情的坟墓，也有人说婚姻是对美满爱情的保障和延续。那么，婚姻究竟有益或有害健康？新出炉的研讨成果，值得女性好好思考思考……

婚姻和健康的关系，一直以来就备受人们注意。早在1970年代，人口学家就发现了十分奇异的现象：结婚的人比未婚、离婚、鳏寡的人要长寿。

这种趋势一直到现在还是一样，结婚的人与未婚者相比较少手术，或较少死于各种原因，比如说中风、肺炎或是意外。《纽约时报》的报道指出：特别是在已开发国度，中年未婚男性死亡概率是已婚男性的两倍。

许多人争辩，这是因为健康的人原来就比较容易结婚，因此，他们就会显得比未婚者长寿与健康，并不是婚姻的关系。

不过，最近的几个研究更进一步证实婚姻和健康确实有亲密关系，但是，却不全然是正面的，主要还是在于婚姻品德。

"婚姻就像是一种性命的保鲜剂或是安全带，"芝加哥大学教授、社会学家铃达蔚特在接受《纽约时报》的采访时指出，"结婚对于健康的意义，和我们吃健康食品、做运动和不吸烟一样。"

很不幸地，凡事都有但是。虽然通常来说，已婚者比未婚的人健康，但是越来越多的研究也发现，不幸福的婚姻对健康的杀伤力很大，特别是女性受到的影响更大。

在情形好的时候，婚姻可以是抗衡寂寞与压力的治疗处方，所以也招架了和压力有关的疾病；但是，婚姻出了问题的时候，争吵、冷战也就造成了愁闷。研究指出，婚姻不幸福的人比婚姻协调的人更容易罹患愁闷症。

不幸福的婚姻对于健康的负面影响，有些甚至出乎意料。就好像，婚姻品德不好的男人和女人，比婚姻幸福的人更易有牙龈问题和蛀牙。有两个研究则显示，夫妻的紧张关系和胃肠溃疡有关。

但是，如果婚姻圆满，配偶常常扮演支撑者的角色，就能够辅助一个人把持饮食、督促活动，所以也比较容易保持健康。这就是婚姻和健康最直接的原因。

更主要的是，一个好品德的婚姻能够给人一个生存下去的理由。"当生病的时候，意志力有点懦弱，但是对配偶的许诺就会让人重拾坚定的意志。"宾州大学精力科教授寇言说。

恰好相反地，不良的婚姻关系比没有还要糟糕。寇言在被研讨对象的家中装设了录像机，记载夫妻的家庭生活，包括争吵。结果表明，有心脏病的人，和另一半的关系不好的时候，在 4 年内死亡的概率是那些婚姻关系较少问题的人的 1.8 倍。"我们从来没有想到负面婚姻的影响力竟然会有这么大。"寇言说。

研究显示，感到婚姻不幸福的女性，只是想到和丈夫吵架她们的血压就会升高，并且心跳加速。

这些生理学的证据表明，婚姻的压力可以让一个人的健康出问题。

一个连续 15 年在奥瑞冈进行的研究表明，婚姻关系中不同等作决议的权利，和女性的死亡有关，对男性却没有影响。

寇言在郁血性心脏衰竭的研讨中发现，八个有心脏病、婚姻又不协调的女性，有七个在诊断后两年内死亡。"我们不知道为什么女性对于负面的关系或是敌意这么敏感。"凯寇尔特医师说。

总结几个研究，不幸福的婚姻对女性健康的影响比男性要大得多，但是原因却还不明白。或许是女性比较在乎对婚姻的许诺；在乎彼此的情感，因此也比较容易"内伤"。

确实，再完美、琴瑟和鸣的婚姻关系都有好与不好的时候，因为婚姻关系原本就是庞杂、多面的，有时候甜甜美美，有时候又可能恨对方入骨。

在这么密切的纠葛关系里，冲突自然就会牵动极大的情感反应，从而影响健康。因此，除了努力经营婚姻关系外，还需值得思考的恐怕就是怎样纾解自己的情感，保持身心平衡，不要失了婚姻，还赔上了自己的健康。

唠叨不休的女人让男人敬而远之

深深地伤害了最爱我的那个人，那一刻，我听见他心破碎的声音。直到转身，我才发现，原来那声心碎，其实，也是我自己的。张爱玲在作品中对爱情与婚姻的观点，其实也就是现实的真实写照。不幸的婚姻伤害的不仅仅是夫妻二人，更是对曾经爱情的辜负。

卡耐基在他的《人性的弱点》中曾提到过：唠叨是爱情的坟墓。但是，大多数女人并没有意识到这一点，甚至认为自己的唠叨就是对他的爱，单纯地认为唠叨就能够改变丈夫的缺点。陶乐丝·狄克斯就认为："一个男性的婚姻生活是否幸福和他太太的脾气性格息息相关。假如她脾气急躁又唠叨，还没完没了地挑剔，那么就算是她拥有普天下的其他美德也都等于零。"

苏格拉底的妻子兰西波就是出了名的悍妇，为了躲避她，苏格拉底绝大多数时间都躲在雅典的树下沉思哲理；法国皇帝拿破仑三世、美国总统亚伯拉罕·林肯也都饱受妻子的唠叨之苦。而恺撒之所以和他的第二任妻子离婚，就是由于他实在不能忍受她终日喋喋不休的唠叨。

很多男性生活中垂头丧气，没有斗志，就是由于他的妻子打击他的每一个想法和希望。她永无休止地长吁短叹，为什么自己的丈夫不能够像别的男人那样会赚钱？为什么她的丈夫写不出一本畅销书？为什么她的丈夫得不到一个好职位？拥有一位这样的妻子，做丈夫的实在是不好受。的确，奢侈浪费给家庭带来的不幸远远比不上唠叨和挑剔。

李轲从大一的时候，就和刘辉谈起了恋爱，大学毕业后一年，他们喜结连理。按理说，他们结束了恋爱马拉松，走进婚姻，应该是非常幸福的一对。但是，自从结婚以后，李轲的手中就拿起一把无形的尺子，只要一见到丈夫就必须要量一量。丈夫洗衣服的时候，她就会说："你看看，这领子，这袖口，你怎么连衣服都洗不干净，还能够干什么？"丈夫做饭，她就会说："哎呀，做饭怎么不是咸就是淡，一点儿谱都没有，让人怎么吃呀？"丈夫做家务，她就会说："怎么这么笨，地也擦不干净。"丈夫办事情，她更是牢骚满腹："看你，连话都不会说，怎么让人信任你呢？"诸如此类的，家庭噪声不绝于耳。

刚开始的时候，刘辉经常是黑着脸不吱声，时间久了，他就开始和她顶嘴。他就会说："嫌我洗衣服不干净，那你自己洗。"然后就把衣服往那一扔，摔门就走。他还说："我做饭没谱，以后你做，我还懒得做呢。"有时候，他也会大发雷霆，然后和她大吵一通，好几天两人谁也不理谁。

过几天，两人和好了，但是李轲依旧改不了自己的毛病，还是会在他做事的时候唠叨不止，日子就这样在吵吵闹闹磕磕绊绊中过了几年。终于有一天，在李轲又在唠叨他碗洗得不干净的时候，刘辉再也没有办法忍受，就把所有的碗都摔在了地上，大声吼道："你烦不烦，看我不顺眼，那咱们干脆离婚算了，看谁顺眼跟谁过去。"

李轲怎么都没有想到刘辉会提到离婚两个字，她顿时泪如雨下："我说你，还不是为了你好？换了别人我还懒得说呢！要离婚，好，现在就离！"结果，刘辉甩门而去。后来，李轲在朋友的劝说下，终于明白了一个道理，那就是自己对丈夫不能够太苛刻了。其实，衣服有一件两件洗不干净是经常有的事情；丈夫不是大厨，偶尔盐放多放少也都是小事一件；家务活谁都可能出点纰漏；一个人偶尔说错一两句话也都在所难免。但是自己不断的唠叨就把这些常人都有的小毛病加以无限的放大，并且还养成了习惯。正是由于她对丈夫的挑剔，才使得丈夫与自己越来越远。

著名的心理学家特曼博士对1500对夫妇做过详细调查。研究显示，在丈夫眼中，唠叨、挑剔是妻子最大的缺点。并且，盖洛普民意测验和詹森性情分析——两个著名的研究机构，它们的研究结果都是一样的，它们发现，任何一种个性都不会比唠叨、挑剔给家庭生活带来更大的伤害。

都说女人爱唠叨，但是不是我们的专利。不仅丈夫受不了妻子的唠叨，青年也怕老人唠叨，就连孩子们也受不了父母和祖辈们的唠叨。我们应该加强学习、提高修养、多理解尊重别人。女同胞们，我们应该领略到唠叨的危害了吧？为了爱情，为了守住婚姻的幸福，为了给孩子们一个完整、幸福、温馨的家，一定不要唠叨！

放弃控制男人，反而更有力量

因为平淡，我们的爱情有时会游离原本温馨的港湾；因为好奇，我们的行程会在某个十字路口不经意地拐弯，就在你意欲转身的刹那，你会听见身后有爱情在低声地哭泣。不只是在张爱玲的婚姻世界里，在我们的婚姻世界里也是一样。我们都向往平淡幸福的婚姻生活，但是现实告诉我们，这对于我们来说都是属于奢侈的。因此，在两性关系中，我们要讲求技巧。尤其作为我们女人，我们对自己的丈夫一定不能够过于严苛，管他就要像放风筝一样，收放适度，这样才能够增添婚姻的美感。

有这样一对母女，母亲50岁，女儿27岁，这两个女人都离婚了。母亲是在12年前，也就是在女儿15岁的时候与丈夫离的婚，而女儿是在一年前与丈夫离的婚。母女两个性格不同，当然对待丈夫还有婚姻的态度和方式也就是不同的，但是结局却都是丈夫离她们而去。

十几年前，父亲的生意做得越来越大，逐渐成为当地小有名气的民营企业家。俗话说"男人有钱就变坏"，于是母亲之后总是疑神疑鬼的，老是担心父亲会变坏，所以每天都要询问父亲今天干什么去了，并且还会到公司进行突击检查。后来一个朋友对母亲说："要想拴住男人的爱，首先就要管住他的钱袋。"于是母亲就开始对父亲严防死守，只要有什么风言风语出来，母亲就会如临大敌。

母亲只不过是太想保护自己的婚姻，所以导致有些神经过敏。有一次，由于母亲连续几天一直追问丈夫一个星期以前一起见面的那个女人是谁，丈夫说是合作伙伴，但是母亲就是不相信，经过几天的哭闹和折腾之后，父亲最后被气得病倒了。

于是，父亲长期以来的积怨终于爆发了出来，此后，两个人吵架的频率越来越高，最终两个人选择了离婚。

女儿结婚后，知道自己不可以像母亲那样对待婚姻。丈夫是一个乐观开朗、热情奔放的人，常常是走到哪儿都会有朋友相随，其中也不乏女性朋友。但是她从来不过问丈夫的交际和工作。当孩子出生后，她就把所有的精力都放在了孩子身上。这个时候，丈夫回家越来越晚，她仍然是毫无怨言地坐在客厅等丈夫回来。

但是一年前，丈夫突然向她提出离婚。

"为什么？"她非常震惊。

"不为什么。我觉得我俩没感情。"丈夫很自然地说。

离婚手续很快就办下来了，孩子的抚养权归丈夫，于是女儿就搬到了母亲那里。

周末，女儿陪孩子到公园放风筝。儿子不断地放线，风筝越飞越高，她在一旁拍手叫着好，一边让儿子继续放线。越往高处，风力越大，风筝随时都有被吹跑的可能，因此，儿子就拼命地拉着线，以此来阻止风筝飞走。

忽然，"嘭"的一声，风筝的线断了，风筝越飞越远，最后飘到了一棵树上。

她的心忽然猛地一阵颤抖，突然就想起了自己和母亲的婚姻。母亲就是因为害怕风筝飞得太远，因此就紧紧拽住风筝的线，这样风筝肯定就飞不起来；而自己把风筝线放得太多了，然后风筝就越飞越高，直至断了线。

一个太紧张，一个太放松，但是得到的却是同样的结局。其实婚姻的经营就像放风筝，男人是风筝，女人就是放风筝的人，而婚姻就是那能够收放的线。大部分女人都害怕男人飞得太高太远就会离自己而去，所以就拼命控制风筝线，最终却由于用力过猛而扯断了风筝线；还有一小部分女人，对风筝漠不关心，任由风筝向上飞，从而致使两个人的距离越来越远，致使风筝承受太大的风力而使得风筝断线飘向别的地方。

紧紧把风筝线攥在手中的母亲，还有对风筝不闻不问的女儿，最终都丢失了风筝。所以只有收放适度，才能够让风筝平稳飞行，不至于离自己太远也不至于离自己太近，更不会让风筝断线。

无论是男人还是女人，都会说婚姻太累人，这些人之所以感到累就是因为没有掌握好放风筝时的度。

有些女人之所以会把风筝线紧紧攥在手中，就是因为对丈夫不信任和多疑，她们想尽办法对丈夫进行监控。假如女人可以少一分不信任与怀疑，不仅能够让自己感到轻松，也可以让丈夫感到轻松。

有些女人对男人不闻不问就是由于对婚姻漫不经心，这种散漫和不经心会使得丈夫感到自己在妻子心中并不重要，妻子的这种表现会让他们感到失望和挫败，他们会认为和自己生活在一起的是一尊没有心的雕像，他们会感觉家里是冷冰冰的，他们会感觉这个家完全没有维持下去的必要。如果男人们有了这样的想法，那么结局就可想而知。

给男人足够的自由空间，是婚姻中的放，是对丈夫信任的表现。丈夫是与你共度一生的人，假如没有了信任做基础，就只剩下猜忌和嫉妒，那么婚姻的裂缝就会变得越来越大。所以，在婚姻生活中，妻子首先应该信任丈夫，对丈夫的一些行为也应该表示理解和支持。

关注着丈夫所在的位置，是婚姻中的收，让丈夫明白你对他的情深意切，还有你对家庭的牵挂，有时候爱是需要表达、需要说出来的。

对待男人就要像放风筝一样，给他们充分的空间，让他们自由地在天空中飞翔，但是也要小心地控制着风筝线，不管在什么时候都要做到收放自如。泰戈尔说："你若爱她，就给她自由，像阳光一样包围着她。"这句话也同样适用于你对待你的另一半。

做个能与婆婆好好相处的儿媳

守一颗心，别像守一只猫。它冷了，来偎依你；它饿了，来叫你；它痒了，来摩你；它厌了，便偷偷地走掉。守一颗心，多么希望像守一只狗，不是你守它，而是它守你！就像张爱玲在作品中的观点一样，爱一个人，就要爱他的一切，因为你都已经把心交给他了，还有什么是不能做的呢！就算是最难处理的婆媳关系又算得了什么呢？

首先我们就要树立"爱鸟及屋"的观点，而不是"爱屋及乌"。丈夫和婆婆就像小乌鸦和老房子一样，虽然你相中的只是一只"小乌鸦"，但是却全靠老房子几十年的爱护，连根羽毛都没有少他的。并且还让你享受胜利果实，难道你还想上房揭瓦不成？有了这样的观念，你就可以做到从细微之处关心婆婆，并且心中既没有阴影也没有委屈地不再要求她如何如何地心疼你。这样，从你这里起头，家庭关系就会因此而更加融洽。

然后就是要看法与做法分开，有位大学同窗老是对人讲婆婆是如何给她难堪，怎么离间她与老公，怎么心胸狭窄、小市民，但是到她家里一看，发现她们之间有说有笑的相当和谐。于是我就不禁问起她是怎么回事，她笑着说：看法归看法，做法归做法。对婆婆就算是有了天大的意见，我也当她是丈夫的妈就是了。就好像说，每一个做婆婆的都希望能够得到媳妇的尊敬，所以就算你觉得她烧菜水平还在你之下，也不妨向她请教她的拿手好菜的做法；遇到困难的时候也别忘了征求一下她的意见，学不学听不听在你，关键是让婆婆获得一种心理平衡，这样日后她就会少制造一些麻烦。

还要永远站在婆婆一边，这是无原则的重要原则，属于百试不爽的。这就需要一点高智商。通常来讲，婆婆很容易就把媳妇看成"编外人员"，为了早日能够让婆婆接纳你，就需要更高更快更强地灌输给婆婆一些"迷魂汤"，使她全方位地感到你甚至比她亲儿子还向着她。不管什么无伤大雅的问题都是婆婆有理，就比如说，坚决拥护婆婆的营养方案，坚决不让富态的婆婆吃减肥药，做伯乐不容易，但是做个马屁精也难吗？关键就在于要营造一种亲近、融洽的气氛，从而使她感到你是他们中的一员。

适当演一些肉麻戏，这并不是说在婆婆面前你和丈夫要过分亲昵，而恰好相反地，这可是为人媳妇最应该忌讳的一点。假如你和婆婆没有住在一起，你可以和丈夫在婆婆面前合演一些戏，让你的婆婆知道，你对她的宝贝儿子是多么的呕心沥血，什么好吃的好用的，你都不跟他抢，什么家里家外事你都抢着做。肉麻一点、夸张一点都不要紧。只要婆婆的心理得到满足，就会立刻心疼你营养不良，辛苦劳累，巧克力成打给你买，家务帮你做。终有一天，婆婆就会把你拉到一旁说："你啊，不要把他宠坏了，让他自己动动手啊！"嘴巴虽然这样说，但是心里却是甜丝丝的。

当妈妈的都心软，这就要看你怎么歪打正着了。

还要适当地替老公"示爱"，时常无中生有地"转达"丈夫对他妈妈的无限爱意。母亲是个奉献的职业，她绝对不计较她会得到什么，就是让她把心掏出来给儿子，她都是愿意的。但是男人总是很粗心，总是口吐狂言或笨嘴拙舌。这个时候你最好的方法就是陪她忆苦，讲儿子养得多么不容易；陪她思甜，她的儿子是多么争气孝顺。这个时候婆婆心里会很得意：你并没有抢走她儿子。这样，她老人家反而就会因为你的到来，而觉得自己多了一份体贴和照应。

不要斤斤计较。谁家的日子不是柴米油盐、吃喝拉撒？有多少事情是需要拿到圆桌会议上讨论的？家庭是重情不重理的地方，因此，不要妄想在家里讲理。我们不得不承认，家事也有对错之分，但是实在没有必要弄出个所以然来。婆婆说太阳是从西边出来的，你就说对，只要你心里明白是从东边出来的就行了，没有必要一定得当面纠正她，当面让她下不来台。在媳妇面前丢面子，那是婆婆最不愿意的事情。

7

第七章

唯亲情与爱

不可辜负

weiqinqingyuai

bukegufu

有位评论家曾经引用张爱玲小说《金锁记》中的一句话"一级一级，走进没有光的所在"，以此来概括张爱玲小说所描写的人性。确实，在张爱玲的小说中，不管是千百年来一直广为传颂的缠绵爱情，还是始终被歌颂的血浓于水的亲情，都被描写得千疮百孔，从而描绘出了人性的苍凉和冷酷。

weiqinqingyuai
bukegufu

母爱的无可替代

张爱玲和她母亲的一生恩怨，归根结底也仅仅在于她母亲只在意"政治正确"，她母亲对她也并不是不好，尽管也最大限度地尽到了义务，但是却给张爱玲留下了一生的心灵暗疾。

起初，张爱玲对她母亲也曾经崇拜有加。最初的记忆之一就是她母亲站在镜子前，在绿短袄上别上翡翠胸针，张爱玲看得十分羡慕，就说："八岁我要梳爱司头，十岁我要穿高跟鞋，十六岁我就可以吃粽子汤团，吃一切难以消化的东西。"她母亲给她提供了一个极为梦幻的成人模板。

还有就是后来由于母亲的频繁出国，对于法兰西和英格兰的熟悉，以及出现在她上海公寓里的瓦斯炉子和瓷砖灶台，都使得张爱玲眼花缭乱，甚至也冲淡了父母离异给她带来的伤感。

当少女张爱玲极其厌恶地从父亲家中终年萦绕的鸦片烟雾里穿过，当她无奈地接过继母递过来的碎牛肉色的旧棉袍，当她看见父亲和继母相互敷衍，彼此之间没有一句实话，当她听见自己的心里十分清楚地说"我对这里的一切都看不上"的时候，母亲的世界，就会像卖火柴的小女孩划亮火柴时那样瞬间出现，使她心驰神往。

张爱玲 16 岁那年，黄素琼再次从国外回来，因此张爱玲不免就多去了几次，这使得她继母颇为不满。在争执中，父亲把她囚禁了，过了大半年，她终于想方设法逃了出去，逃到她母亲家。

黄素琼对她也并不算不好，她花重金请了一个犹太教师给张爱玲补习数学，每小时五美元。并且还教张爱玲练习行路的姿势，查看人的眼色，照镜子研究面部神态，还告诉她假如没有幽默天赋，一定别说笑话。黄素琼全心全意想要打造出一个优雅的名媛来，但是很不幸地，张爱玲确实不是这块材料。

她没有那种活泼曼妙的风范，走路老是跌跌撞撞，就是学不会巧笑浅嗔，一笑就把嘴巴全张开，一哭就是青天落大雨，使得黄素琼十分失望。除了写在脸上的质疑，她还会冲着女儿咆哮，还说后悔当年认真照顾她的伤寒病，说她活着就是为了害人。

她发泄完情绪，就该干什么干什么去了，但是却让张爱玲长久地不安。"我觉得我是赤裸裸的站在天底下了，被裁判着像一切的惶惑的未成年的人，由于过度的自夸与自鄙。"对于一个孩子，父母就是全世界，她和父母的关系，也就决定着她以后和世界的关系，跟父母之间是轻松，是紧张，是尖锐，还是柔和，她以后和世界也是这样。

黄素琼或许会申辩，说她制造这些压力都是为了张爱玲好。事实也是这样，张爱玲发愤图强，1938 年，她报考伦敦大学，获得了远东区的第一名，但是恰好这个时候欧战爆发，她没能够去成伦敦，于是第二年改入香港大学。

其实，黄素琼的教育还是挺成功的。她对张爱玲的质疑、埋怨、批评，放在现在可以称作是挫折教育，我听过很多人抱怨，它让自己的成长期变得昏天黑地。"为什么你不如某某？""你看你有多蠢？""考不到××分就别回家了"……张爱玲提到，她看到美国棒球员吉美·皮尔索的传记电影，几乎号啕，"从小他父亲培养他打棒球，因为压力太大，不管怎样卖力也讨不了父亲的欢心。成功后最终爆发，成了神经病……"

或许，她们母女最大的隔阂就在这里，张爱玲一直高看了自己的母亲，就像她五岁的时候，仰起脸看着她母亲梳头，认为她是那样美丽、强大、不可攻克。她因此高估了母亲对自己的伤害，黄素琼一个或许过于随意的举动，就被她读出太深刻的恶意，如果她可以明了她母亲也只不过是个普通人，不可能处处完美，做事也欠缺思量，是不是就能够在更早的时候，多一分释然与原谅？

而黄素琼则是低估了女儿，当那些语言脱口而出的时候，她还是把女儿看成一个不懂事的孩子，自以为那些情绪发泄，根本就不会在她心里留下痕迹——"反正是为了她好"，做母亲的，常常以为只要大方向正确就够了。

但是这一次，她不断地感到她母亲正在逐渐地老去，感到周围的人，对她母亲的态度越来越冷淡，她时常感到诧异，但是却不知道这诧异就是不平。她的作品被桑弧改编成电影，她母亲去看，十分满意，张爱玲诧异她也可以像普通父母那样，对子女的成就容易满足，她没想过，她母亲或许过只是个做得不太好的普通母亲。

后来黄素琼再次离去，去了她喜欢的洁净的欧洲。而张爱玲随后去了美国。她们母女此生就再也没有相见。1957年，黄素琼在英国住进医院，她希望张爱玲可以到英国与她见一面，写信给她"现在就只想再见你一面"。张爱玲写信对她的好友邝文美说，"我没法去，只能多多写信，寄了点钱去，把你于《文学杂志》上的关于我的文章都寄了去，希望她看了或者得到一星星安慰。后来她有个朋友来信说她看了很快乐"。

一个月之后，黄素琼去世，没有亲人在身边，不知道她最后的时刻是如何度过的。她留给张爱玲一箱古董，张爱玲后来依靠变卖那些古董，挨过了和赖雅在一起的窘困时期。

就在她母亲去世的前一年，张爱玲曾经怀孕，随后流产，很多人提起过这件事，《小团圆》里把它写得触目惊心。在小说里，赖雅化名为狄汝，他劝盛九莉："生个小盛也好。"而盛九莉笑道："我不要，就算是在最好的情形下也不想要——又有钱，又有可靠的人带。"后来那个男婴最终是顺着抽水马桶被冲下去了。她后来解释说她不想要孩子，是由于她"觉得假如有小孩，肯定会对她坏，替她母亲报仇"。其实她心里对母亲是有歉疚的，但是却并不原谅。

她不要孩子的决定就当时的生活状态来说是明智的，但是却使她失去了一个理解和原谅母亲的机会。并不是"生子才知报娘恩"，生孩子是自己的决定，谈不上报恩这种话。只是，当一个女人有了孩子，才会懂得做母亲多么不易，手忙脚乱顾此失彼中，你就会在原谅自己的粗疏的时候，体谅当年的母亲；你会因为变成女人，而把当年那个不成熟不完美的母亲视作姐妹，从而消解掉很多误会形成的隔膜；甚至于，你对一个孩子的母性就会扩大到对整个世界，回头再看母亲，她的很多错，对你的许多伤害，都是因为她自己的成长期，曾经遭遇过更多的伤害。

曾经流传着这样一个故事：每一个母亲曾经都是一个漂亮的仙女，有一件漂亮的衣裳。当她们下定决心要做某个孩子的母亲，并且呵护某个生命的时候，就会逐渐褪去这件衣裳，从而变成一个普通的女子，平淡无奇一辈子。因此，我们还有什么理由不去体谅爱护自己的母亲呢？

　　这是一个真实的故事。故事发生在西部的青海省，一个极其缺水的沙漠地区。这里，每人每天的用水量被严格地限定为三斤，并且这还得靠驻军从很远的地方运来。日常的饮用、洗漱、洗衣，包括喂牲口，全部依靠这三斤珍贵的水。

　　人缺水不行，牲畜也一样。终于有一天，一头一直以来被人们认为憨厚、忠实的老牛渴极了，于是就挣脱了缰绳，强行闯入沙漠里唯一的也是运水车必经的公路。终于，运水的军车来了。老牛以不可思议的识别力，迅速地冲上公路，军车一个紧急刹车戛然而止。老牛沉默地站立在车前，不管驾驶员怎样呵斥驱赶，就是不肯挪动半步。五分钟过去了，双方仍然僵持着。运水的战士以前也遇到过牲口拦路索水的情形，但是它们都不像这头牛这般倔强。人和牛就这样耗着，最后造成了堵车，于是后面的司机开始骂骂咧咧，性急的甚至试图点火驱赶，但是老牛不为所动。

　　后来，牛的主人寻来了，恼羞成怒的主人扬起长鞭狠狠地抽打在瘦骨嶙峋的牛背上，牛被打得皮开肉绽、哀哀叫唤，但是还是不肯让开。鲜血沁了出来，染红了鞭子，老牛的凄厉哞叫，和着沙漠中阴冷的酷风，显得格外悲壮。站在一旁的运水战士哭了，一开始骂骂咧咧的司机也哭了，最后，运水的战士说："就让我违反一次规定吧，我愿意接受一次处分。"于是他就从水车上倒出半盆水——刚好3斤左右，放在牛面前。

　　出人意料的是，老牛并没有喝自己以死抗争得来的水，而是对着夕阳，仰天长哞，好像在呼唤什么。不多时，不远的沙堆背后跑来一头小牛，受伤的老牛慈爱地看着小牛贪婪地喝完水，伸出舌头舔舔小牛的眼睛，小牛也舔舔老牛的眼睛，静默中，人们看到了母子眼中的泪水。还没等主人吆喝，在一片寂静无语中，它们掉转头，慢慢地往回走。

　　人生有时让人感觉很长很长，但是一路走过来却是这样的短暂。朱自清的《匆匆》里这样描绘着时光的流逝，"燕子去了，还有再回的时候，桃花谢了，还有再开的时候，杨柳枯了，还有再青的时候，可是亲爱的，你到哪里去了？聪明的，你能告诉我，你究竟到哪里去了？"《青春舞曲》的歌也是这样唱道："太阳下山明早依旧爬上来，花儿谢了明年还是一样地开，美丽小鸟一去无影踪，我的青春一去不回来！"在古诗里多少文人墨客都在慨叹着生命、时光、青春、红颜，人生苦短，光阴荏苒。"青青园中葵，朝露待日晞，阳春布德泽，万物生光辉，常恐秋节至，焜黄华叶衰。""君不见，高堂明镜悲白发，朝如青丝暮成雪"。是啊，岁月是不会饶人的，不管你怎样苦苦挽留，不管你怎样依依不舍，一个亘古的声音在高叫着，子在川上曰："逝者如斯夫，不舍昼夜！"

生命到了尽头，尽头处会是怎样的无奈，怎样的凄凉，怎样的不舍，怎样的可惜！所以，在我们有限的生命里，我们一定要学会珍惜，因为，诸如母爱之类的亲情，是无可代替的。

亲情：女人的终极幸福所在

张爱玲一生最信任的朋友就是宋淇、邝文美夫妇，她后来把自己的所有财产都遗赠他俩。而对于她最亲近的亲人——姑姑张茂渊，张爱玲则在回忆录《对照记》中写下简短而深情的纪念文字。姑姑晚年写给张爱玲的数十封信（其中近 30 封是姑姑的亲笔信，50 余封是姑父李开第撰写或代笔），目前仍然保存在宋氏夫妇的儿子宋以朗家里，见证着张爱玲和她姑姑亦亲亦友的纽带关系。

张爱玲童年父母失和，母亲借口姑姑（张茂渊）出国留学需要女伴监护，一起漂泊海外。离婚后，张母再次远赴欧洲，少女张爱玲于是就跟着再婚的父亲与继母生活，日常都是姑姑从旁照应，就像是代母一般。张爱玲入香港大学念书的时候，她母亲和姑姑委托老友李开第做少女的监护人。太平洋战争爆发后港大停办，无奈张爱玲辍学返回上海以写作为生，与姑姑合租法租界爱丁顿公寓（今常德公寓），在那里经历她的文学全盛期，并且和胡兰成热恋。同为女性，又是长辈的姑姑，当时或曾经多次与张爱玲促膝长谈私密的话题。

与学业的停滞同时毁掉的，还有少女张爱玲对于这绝对光明的世界的毫无保留的信任，这就使得她从此充满了警惕。母亲的光环之所以消失，第一就是这世上本无仙女，第二是让她把母亲当成仙女的距离取消了，因此，她在和弟弟打交道的时候，就会有意无意地保持距离，并且不刻意扮演自己力不能及的形象。既然这世上，没有哪一种爱不是千疮百孔的，那又何必离得太近，让彼此都穷形尽相。

母亲给她带来的是幻灭，而姑姑对她的影响却是真实的，姑姑说话做事，永远忠实于自己的内心，不会表演和蔼，也不会假装亲切，你可以说她不矫情，但是不矫情，有时也会显得没弹性。除了这两点影响，我觉得张爱玲也另有一些想法，那就是，她对这尘世的情意太珍重，她试图用距离来延长保鲜期，但是不幸的是，就这么一路"距离"下去，量变到质变，距离就不再是一种"手段"，而变成了生活态度，用张爱玲的话是，与生活本身都有了距离，也算是一种悲哀。

至于张爱玲自己的晚年，还是继续神游在民国的上海，虽然那座城市其实早就已经几度沧桑，人物全非。随着姑姑的离世，她就彻底切断了自己在上海最后的牵挂。

亲情既没有隆重的形式，也没有华丽的包装，它透迤在生活的长卷中，就如同水一样浸满每一个空隙，无色无味，无香无影，于是也经常让我们在拥有的时候习以为常，在享受的时候无动于衷。亲情就是饭桌窗前的晏晏谈笑，是柴米油盐间的琐碎细腻；是满怀爱意的一个眼神，是求全责备的一声抱怨；是离别后辗转低回的牵挂，也是重逢时相对无语的瞬间。常常，一个简单的电话，一句平常的问候，都是对亲情最生动的演绎和诠释。没有荡气回肠的故事，也没有动人心魄的诗篇，从来也不需要费心费力地想起呵护，但是却永远如水般静静地流淌在我们生活的每一个角落，悄悄滋养温暖着我们的身体和心灵。

亲情是最朴素最美丽的情，虽然它不像爱情那样浓郁热烈，也不像友情那样清新芬芳，却是那么的缠绵不绝、余韵悠长。它不似爱情那样缘于两情相悦，也不像友情那样有着共同的需求，但是它却和我们的血脉相连，与我们的生命相始终。爱情或许会流散死亡，友情也有可能反目成仇，而只有亲情永远都在我们心中最温柔的角落。尽管我们经常会由于它的平常而忽视，经常因为它的朴素而忘记，但是当我们伤痕累累、满心疲惫的时候，最先想到的只能是我们最亲的亲人，只有他们可以不计得失，无限地包容理解我们。

在纷繁的红尘世界，正是由于有了那一份亲情在，无论距离远近，不管喧嚣寂寞，我们的心始终都是安然从容的……

其实，亲情是需要去发现、去体验的，不管是平凡的爱，还是伟大的爱，都流淌在同一个平凡的日子里。但是平时因为工作忙，压力大，有一点休息时间还得社交，要与朋友相聚，因此，对父母的亲情就被这些琐事一点点地给剥夺。时间一长，就没有办法享受温馨不说，人生旅途也会觉得很无奈。

亲情无价。亲人就是一个家，只有家有了温情，社会才有了人性。而亲情是不可以用金钱来收购的，它需要用感情、用时间去培养。感情就是依靠那些十分微不足道的小事一点点搭起来；时间靠我们去挤，一分一秒地累积。"子欲养而亲不待"，这是一种何等的悲凉和无奈！所以，我们对父母的爱一定要说出来，让父母也能够感到被爱的幸福，感到亲情在包围着他们。因为，要知道有亲情陪伴的那种感觉真的特别美好。

身在异乡，亲情带来的温暖

张爱玲的母亲黄素琼就是由于嫡母的重男轻女，从而受了不少委屈，后来等到她成为一个家庭的主母，就暗自下定决心一定要改变这一状况。

她坚持把张爱玲送进学校，张志沂不同意，她就像拐卖人口一样，推推拉拉的硬是把张爱玲送去了。对于张子静，她想着怎么样都有他父亲管他，一个独子，总不会不让他受教育，但是不曾想，张志沂没有她认为的重男轻女之思想，因为他连起码的为人父之心都没有，嫌弃学校里"苛捐杂税"太多，"买手工纸都那么贵"，所以只在家中延师教儿子读书。

母亲不管父亲不问，张子静就像是夹缝中漏下的孩子，尽管他生得秀美可爱，有着女性化的大眼睛、长睫毛和小嘴，但是，一来他从小身体不好，二来他在无人问津的缝隙中长大，从而生成了窝囊憋屈的性格，远不像他姐姐那样发展得充沛，及在父母亲戚的心中有分量。

虽然如此，他们还是时常在一起高高兴兴做游戏，扮演《金家庄》上能征惯战的两员骁将，一个叫月红，一个叫杏红，张爱玲使一把宝剑，张子静使两只铜锤，开幕的时候永远是黄昏，他们趁着月色翻过山头去攻打敌人……每次看到这段描写我们都能够听到那亢奋的稚嫩的呐喊，橙色的夕阳在身后落下，背上有涔涔的汗，这会儿早该凉了吧？因为那是太久远的童年。

童年时候，张爱玲其实是喜欢这个弟弟的，他的秀美，他的笨拙，使得他像一个很有趣的小玩童，另一方面，可能也是由于张爱玲别无选择，随着她长大成人，越来越觉得世界日渐宽广，因此，她对这个弟弟就越来越疏远了。

后来张爱玲的父母离婚，张爱玲上了住宿中学，放假回来就听众人讲述弟弟的种种劣迹：逃学、忤逆、没志气，并且眼前这个弟弟确实看上去很不成材，穿着一件不甚干净的蓝布罩衫，租很多不入流的连环画来看，人倒是变得高而瘦，可是由于前面的种种，这"高而瘦"不但不是优点，反而使得他更加不可原谅了。

张爱玲比谁都气愤，然后就开始激烈地诋毁他，家里的那些人，又都倒过来劝她了。或许，他们本来就不觉得他有多恶劣，他的确不够好，但是他们之所以要说他，也不过是没话找话罢了。后来，张子静在家中的地位便开始江河日下，多少年前，母亲出国留学，姨太太扭扭搭搭地进了门，她看张子静不顺眼，一力抬举张爱玲，固然是由于把张子静视作潜在的竞争对手——她必定是认为自己将来也会生出儿子来吧——但是假如父亲对张子静态度足够好，这对于善于看人下菜的堂子里出来的女人，起码一开始，还是会假以辞色的。

现在，继母孙用蕃也看出来这一点，张志沂看重张爱玲，并且张爱玲也像贾探春一样自重，招惹她很有可能就会把自己弄得下不了台，还是施以怀柔之道加以笼络比较好。对于张子静，就不用那么客气了，因为张志沂没有为人父之心，张爱玲得到父亲的那点宠爱，是由于她聪明过人才华出众，和文学功底极深的父亲可以契合，又可以满足他一点儿虚荣心，但是张子静却没有这个优势，各方面表现平庸的他，于是就备受父亲冷落。

张爱玲说孙用蕃虐待他，但是具体情形就不得而知了，她说了一个事例，有一次在饭桌上，张志沂为了一点儿小事，打了张子静一个嘴巴，张爱玲大大一震，顿时眼泪落下，孙用蕃笑了起来，说："咦，你哭什么，又不是说你，你瞧瞧，他没哭，你倒哭了！"

于是张爱玲就丢下碗冲到浴室里，对着镜子，看自己的眼泪滔滔不绝地流下来，咬着牙说："我要报仇。有一天我要报仇。"她自己都觉得特别像电影里的特写，别人更觉得，这夸张的表情，有一半是由于她还没有跳出那个爱好罗曼蒂克的时代，就在这个时候，一只皮球从窗外蹦了进来，正好弹到玻璃镜子上，原来是弟弟在阳台上踢球，他早就已经忘了，这一类的事，他是习惯了的，张爱玲没有再哭，只是感到一阵寒冷的悲哀。

在那之后不久，张爱玲和父亲继母就彻底闹翻了，然后就搬到母亲那里，夏天弟弟也来了，只带着一只报纸包的篮球鞋，说他也不回去了，一双大眼睛吧嗒吧嗒地望着母亲，潮湿而沉重地眨动着，是那样的无助，但是他的母亲是一个理性的人，根本不可能像大多数有热情而没有头脑的母亲那样，把儿子搂在怀中——死也死在一起，这是一句多么愚蠢的话。黄素琼是冷静的，她十分有耐心地解释给他听，说自己的经济能力只能够负担一个人的教育费，这个名额已经被他姐姐占据了。张子静哭了，张爱玲也哭了，但是这是母亲给张爱玲活生生地上了一课，从而让她学会在严酷的现实面前保持理性而不是动用激情。

张子静回到了父亲的家，有许多年他一直在父亲家中，张爱玲在小说《茉莉香片》里虚拟过他的生活状态，把他描写成一个阴郁懦弱到甚至有点变态的人，精神上的残废，张子静晚年的时候把张爱玲小说中的人物与现实人物一一对号入座，唯独对这篇小说不置一语，他可能是不愿意接受这样一种描述吧。

或许正如张爱玲所说，他是惯了的，"阴郁""变态"还是一种挣扎，徒劳无益，只会伤到自己。这些年来，张子静早就已经找到保护自己的办法，就是依照别人的眼光，把自己变得渺小，变得对自己也不在意。这种"自轻"是他的一件雨衣，替他挡过父亲继母的伤害，他还常常穿着它来到姑姑家，就像一只小狗，凑近原本不属于它的壁炉，为了那一点儿温暖，甚至不在乎头上的唾沫和白眼。

姑姑不喜欢张子静，虽然他那"吧嗒吧嗒"的眼神给她留下了深刻的印象，但是她是一个一丝不苟的完美主义者，她不喜欢他，也不肯让自己装善良。张子静深知这一点，她的冷淡是明摆在脸上的，"她认为我一直在父亲和后母的照管下生活，受他们影响比较深……因此对我保持着一定的警惕和距离"。

有次张子静去看张爱玲，聊得时间长了点，不觉已经到晚饭时间，姑姑对他说："你假如要在这里吃饭，就一定要提前和我们先讲好，吃多少米的饭，吃哪些菜，我们才能够准备好。像现在这样没有准备就不能留你吃饭。"然后张子静慌忙告辞，姑姑尽管在英国留学，但是这做派，倒像是一种德国式的刻板。

张爱玲对张子静的态度有点特别，她有时对他也不耐烦，常常"排挤"他，张子静跟一帮朋友办了份杂志跟她约稿，这位姐姐竟然老实不客气地说，我不可以给你们这种名不见经传的杂志写稿，从而坏我自己的名声。但是，另一方面，她也不是不愿意跟他聊天的，电影、文学、写作技巧……她说想要积攒生动语言的最好的方法，就是随时随地留心人们的谈话，然后把它记到本子上，而想要提高中英文写作能力，可以把自己的一篇习作由中文翻译成英文，再由英文翻译成中文，这样几遍，一定大有裨益。

张子静好像从没有从事写作的抱负，张爱玲跟他说这些，与其说是在指导弟弟，倒不如说是她需要有个听众，毕竟，写作之外还有生活，她的生活实在太寂寞了。投奔母亲之后，她发现了她和母亲在感情上是有很大距离的；姑姑则既不喜欢文人，也不喜欢谈论文学；炎樱虽然颇有灵性，但是中文程度太浅；只有这个弟弟，尽管有点颓废，有点不思进取，但是他听得懂她的话，有耐心听她说话，她在他面前是放松的。因此，在她成名之前，她常常这样带着一点点居高临下的口气，和他谈天说地。有时，张子静也和她说点父亲和继母之间的事，她只是安静地听，从不说什么，但是我觉得这静听的姿态就是一种怂恿，她对那边的事，并不是不感兴趣的。

张爱玲成名之后，张子静再去看张爱玲，十次有九次就见不到她，张爱玲忽然忙了很多，后来又有了更好的听众胡兰成。但是，偶尔也能够见到一次，张爱玲还是会在这个弟弟面前露出她最放松的一面，就好像，告诉他，有外国男人邀请自己去跳舞她不会跳，等。

在张子静的眼中，这个姐姐非常特别，也非常优秀，没有了童年时候小小的妒意，他接受了老天的安排，愿意在她的光芒里来来去去。但是张爱玲的心路历程要复杂得多，她的少女时代，被表姐评价为一个又热情又孤独的人，热情来自天性，而孤独源于多思，从父亲那儿逃出来，她孤注一掷地跟了母亲，很多年来，母亲在她心中都是个富有感情的形象，她以一种罗曼蒂克的爱来爱着她，有这个印象在前，她不免就会依照这个印象行事，但是结果却令她错愕。

尽管父亲反对张子静到学校里，后来还是送他上了大学，上海的圣约翰大学，张爱玲也在这学校上过一阵子，但是对于教学水准评价不高，并不像香港大学那样能够保护学生的创造性思维，尊重学生的个性，但是并不是每个学生都介意这些的，张子静安安生生地读到毕业。

一九四六年，张子静随着表姐和表姐夫进入了中央银行扬州分行，待遇还相当不错，足够自食其力并且还有结余，但是张子静染上了赌博的恶习，不但搭进了钞票，并且还搭进了身体。

貌似张子静和乃父极为相似，但是我们还是觉得他比他父亲更值得原谅和同情，因为他自小姥姥不疼舅舅不爱，自然就不知道理想为何物，一个没有理想的人，势必就会随波逐流——我为什么克制自己的欲望？何况张子静性情和善，不愿意与别人有异，现在好容易有人愿意带他玩，他当然不会很有个性地拒绝，从张子静后来很容易就戒了赌就能够看出，他对这一"业余爱好"的忠实度也很低。

新中国成立前，张子静回到上海，黄素琼也从国外回来了，住在姑姑家中。有一次她叫张子静过几天去家里吃饭，并且还问张子静要吃多少饭，喜欢吃些什么菜。张子静去的那天，姑姑上班去了，张爱玲刚好也不在家，家中只有母子二人，一直安安静静的，原本该有一个柔情涌动的气场。但是黄素琼再一次向我们展示了一个理性者的刻板，她注意的有两点，一是张子静的饭量和爱吃的菜是不是符合他以前所言，二是问张子静工作情况，教导他应该如何对待上司和同事。

张子静说，这顿饭就像是上了一堂教育课，几天后，由于张子静在舅舅的生日上没有行跪拜之礼，又被母亲教育了一通，黄素琼对这个儿子不是漠不关心，但是却也只是关注些皮毛，为什么不问问他在想什么，打算过怎样的生活，目前的困惑是什么。或者是不是可以问问他有没有喜欢的女生，打算什么时候结婚生孩子，就像一个最絮叨的老妈那样，或许他当时会有些烦，但是在以后漫长而孤独的岁月里，他但凡想起，想必会觉得温暖。

但是黄素琼不习惯这种家常的表达，就像张子静小时候，母亲逼着他和姐姐吃牛油拌土豆一样，她十分科学地只注重营养，味道怎样，则不在她的关注范围内，她所向往的就是像西方人那样一板一眼地生活着。

张子静也曾经请求母亲留下来，找一个房子，然后跟姐姐和他共同生活，而黄素琼淡漠地说："上海的环境太脏，我住不惯，还是国外的环境比较干净，并且我也不打算回来定居了。"

上海的"滚滚红尘"隔开了母子亲情，一九四八年，黄素琼再次离开上海，一九五七年，病逝在英国。

她的这份洁癖，遗传给了张爱玲，一九五二年，张爱玲离开上海来到香港，打算从这里去美国，行前，不知道是不凑巧还是基于安全考虑，张爱玲并没有告诉弟弟，某日张子静一如平常地来看望姐姐，姑姑拉开门，对他说，你姐姐已经走了，然后就把门关上了。

张子静走下楼，就抑制不住哭了起来，街上来来往往的人，都穿着新时代的人民装，他意识到被姐姐抛弃了，他当时的悲痛是多么空洞，在热闹的人流中，在长大成人之后，他猝不及防地，再一次做了弃儿。

张爱玲对于弟弟，其实是有感情的，黄素琼对这个儿子，也不能说没有爱，这些都不是问题，问题在于，爱又怎样？她们把自身的清洁，看得比感情更重，那是因为感情里会有他人的气味，有一点点的污秽感，当她们发觉那黏叽叽湿乎乎的"雾数"很有可能打这里上身，就会立刻换上凛然的表情，步步为营地避开了。

张子静贴不上她们，只好转过头，回去找父亲和继母，在张爱玲的描述中，这位继母好像非常残苛。但是，那几个片段并不能够代替全部，我们用平常心看过去，她对张子静，最多称得上是不太好，也算不上虐待。再说很多年处下来，怎么着都会有点感情，孙用蕃是比黄素琼、张爱玲她们庸俗，但是庸俗的人，对距离不敏感。

张子静跟着父亲和继母过了很多年，中间也是问题多多，就好比说张志沂对自己慷慨，但是对儿子却吝啬之极，再加上经济状况江河日下，他为了省钱，干脆只字不提为儿子娶亲之事。不但如此，有次张子静从扬州回上海出差，张志沂看他带了很多出差经费，就以保管为名要了过来，但是过了一些日子，张子静找他要，他居然若无其事地说，已经花掉了呀！

相比之下，孙用蕃还算是有人情味，张志沂去世后分遗产，孙用蕃把青岛房租的十分之三分给张子静，害怕他不同意，特意问他有没有意见，张子静说没有，他有工资，尽管太过微薄，不能够奉养她，但是至少不想动父亲留给她的钱。孙用蕃听后十分欣慰，说这些钱存在我这里，以后我走了还是会留给你的。

这话虽然像是面子上的话，但是她拿张子静当继承人是真心的，就算是那样一份非常薄寒的遗产。

新中国成立后张子静在上海人民银行干过一阵子，后来改行做中小学教师，教语文和英语，常年在郊区学校生活。但是，孙用蕃这里，依然被他视为落叶归根之所。孙用蕃年老没有人照顾，一度想与她弟弟同住，把十四平方米的小屋换成大一点的房子，让她弟弟做户主，但是却遭到张子静的激烈反对，因为这样一来，他退休后就没有办法回到上海市区了。孙用蕃的弟弟极其不悦，指责张子静不孝，但是孙用蕃知道他说的是实情，她没有像黄素琼那样我行我素，就此作罢，不久之后张子静的户口迁回市区，落在了孙用蕃的户口簿上。

经历了那么多人世风雨之后，孙用蕃和张子静这两人在某种意义上，也算是相依为命，他们一直离得太近，因此难免会相互扎伤，但是疼痛也能证明自己并不是孤单单地存活在世间。是为这不洁的带着气味皮屑的细琐烦恼，还是那赤条条来去无牵挂的空旷与清洁？假如只能两选一，我会选前者，千疮百孔的爱也是爱，平心静气地想想自己与父母手足，也有这样那样的龃龉，有多少爱，不是恩怨交加？真的爱，就对"雾数"没那么害怕。

一九八六年，孙用蕃也去世了，寂寞中的张子静，只能够从报纸上追寻姐姐的一点音讯。一九八八年，有消息误传张爱玲也已经去世，张子静忙去有关部门打听，这才辗转和张爱玲联系上。张子静给姐姐写了一封信，内容如今已经不得而知，但是张爱玲的回信里面有这样的句子"没有能力帮你的忙，是真觉得惭愧"，又说到"其实我也勉强够用"。我怀疑张子静的信里，也有向张爱玲求助之语。张子静不是个十分善于经营自己的人，一生都没有什么积蓄，在农村中学教书的时候，想在当地娶个老婆都没有实力，退休工资也只够一个人生活，对于这位身在美利坚合众国的姐姐，或许是抱了一点幻想的吧。

张爱玲说"没有能力帮你的忙"，或许是实情，不过张爱玲去世的时候，把所有的遗产都留给了她的朋友宋淇夫妇，可能是她没有想到她的遗产——主要是文稿版税那么值钱。但是连给弟弟一点纪念的想法都没有，张爱玲这个人其实也是真够绝的。

张子静的晚年，是在孙用蕃留给他的那间十四平方米的小屋里度过，无论两人感情真相到底怎样，起码没有从继母手中接过来的这份"遗产"，张子静在上海市区恐怕很难有个栖身之所。把这事实本身与张爱玲的冷淡对照，再想当年张爱玲为弟弟不平的那些文字，怎么不让人感慨系之。

但是，张爱玲也不能说对这个弟弟毫无馈赠，在那些寂寞时日里，想到这个姐姐，依然觉得是家族以及本人的一份荣耀，他甚至觉得自己有一份责任，作为张爱玲最为亲近的人，把别人永远没有办法知道的，跟张爱玲有关的情节说出来。于是，就有了这样一本书——《我的姊姊张爱玲》，大部分内容由他口述，他说起姐姐，固然是有一说一，言及自己，也是这样诚实，一个沧桑者的诚实，让笔者生出这么多的感触。

很简单地，亲情只是一个由几根树枝搭起的小巢。但是我们更小，能够一下子轻快地钻进去，里面有一碗水，凉凉的，甜甜的，滋润我们干渴的灵魂；里面有一袋粮，鼓鼓的，香香的，填饱我们无尽的欲望；里面有一张床，软软的，暖暖的，抚慰我们莫名的忧伤；里面还有一盆花，一幅画，一首诗，缀着些叮咛，嵌着些嘱托……这就是亲情，一个小小的巢，使我们不断地长大。

亲情是什么？亲情就像是春天的种子，是夏天的清凉，是秋天的果实，是冬天的温暖；亲情是什么？亲情就像是喧嚣世界外的桃源，是汹涌波涛后平静的港湾，是无边沙漠中的绿洲，是寂寞心灵中的慰藉；亲情是什么？亲情就是你迷航时的灯塔，是你疲倦时的软床，是你受伤后的良药，是你口渴时的热茶；亲情是什么？亲情就是"马上相逢无纸笔，凭君传语报平安"的嘱咐，是"临行密密缝，意恐迟迟归"的牵挂，是"来日倚窗前，寒梅著花来"的思念，是"雨中黄叶树，灯下白头人"的守候。世间最无私的，莫过于亲情，世间最博大的，也莫过于亲情。

不须追忆，因为从未忘记

没有哪一种爱不是千疮百孔的。这句话在张爱玲总结她和母亲的关系的时候出现，问题是，千疮百孔的爱也是爱，也可以温暖人心。张爱玲的典型性格就是她这种感情上的完美主义。她素来反对文艺腔，但是，我们不得不说，她对于完美整齐的感情的追求，其实是太文艺腔的一件事。

她的母亲，最后也只能是睡在她的血液里，她们甚至没有一张合影。

其实，亲情是我们一辈子难以割舍的情感，不管你在哪里，你在做什么，家永远是你最温暖的避风港。

是不是在每一个春去秋来炎夏离秋的日子，都会有我们不经意之间遗忘的东西，掉落在了略有海风的土壤，紧接着扎根生长，就像是离离的野草，摆扶中看得见绿色而旺盛的生命力，从此就破土发芽，一个季节一个季节地张露在每个寒风四起的黑夜和红彤包裹的朝阳。然后最终长成参天大树，就算是我们不经意间地看见，也已经发现不了那原来是曾经留下来，但是如今却成长的东西。

原来生命中一直重复而出现过的美好，就这样从我们身边一次又一次地擦肩而过，直到我们成长，直到我们成熟，直到那些都从我们的世界和记忆中形成云烟，消失不见。

人与人之间微妙的邂逅，是不是就像书里所说的，最终离开你身边，离开你世界，离开你过去未来的人，到最后都会在天堂相见。那么这样，我们是不是就可以不会为现在失去了他们而悲伤，这样就无所谓心疼，无所谓遗憾，以后的每一步走下去都那么铿锵有力，一往无前？

笔笔清愁，句句牵肠，絮絮的碎语又怎么能够形容我心中的隐痛，再多的言语，再深的情思最终只能凝成"感谢你"一句，只愿满心的思念和感激可以化成岁月的安暖，只愿碎碎的念叨能够陪伴我们的亲人度过寂寥的长夜。因为，亲情与亲人从来不需要想起，因为永远也不会忘记……

别把坏脾气留给你最亲近的人

于千万人之中，遇见你所要遇见的人。于千万年之中，时间无涯的荒野里，没有早一步，也没有晚一步，刚巧赶上了，那也没有别的话可说，惟有转轻地问一声："噢，你也在这里吗？"张爱玲在作品《爱》中的这一言论，其实不单单指的是爱情，更涉及亲情以及友情。但是，归根结底，都逃不了一个"爱"字。那是因为，人生在世，唯爱与亲情不可辜负。

爱情与亲情，每当看到这两个名词组合在一起，我们的脑子里就会不自觉地闪现一个字：爱。

爱情，是男女双方的相互依赖、相互爱恋的感情，而亲情却是有血缘关系的人在日常生活的相互照顾、相互关心中不经意流露出来的感情。如果这两种情缺少了爱的参与，也就构不成情了。

不论是爱情还是亲情，无私的奉献和给予都是维持这些感情的基础。

有人说，左手爱情，右手亲情，就是说爱情与亲情同等重要。但是作为一个没有什么感情经验的人来说，就会一直相信，亲情比爱情更伟大。不知道这属不属于吃不到葡萄说葡萄酸的心理。亲情，一个多么神圣的名词，它就像是一个贵族中的平民，又像是一个平民中的贵族。高贵到没有人能够亵渎它，只可以以俯视的姿态去翘首期待。但是它又是我们每个人都真实拥有的，最平凡最真实的感情。

奉献可以说是亲情最好的代名词。父母对子女的爱，对子女的付出，从来就没有一点的私心，也不会求任何回报。无论子女是什么样子，残疾、病痛、智障，所有的一切都丝毫不会减少父母对子女的爱。但是亲情并不只是单方面的感情与付出，子女对父母的爱同样也是不可小觑的。或许你也听过有关子女不孝的事例，但是不能够因此就丧失对亲情的崇敬和信念。我们身边并不缺少可以证实的事例，卖身救父、救母的事总是发生在我们的身边，能够以自己的生命换双亲的健康，我想也只有亲情可以有这个魄力吧！

　　亲情就像是一种微妙的感觉，一丝不经意间的牵挂、惦记，一种只要有生命的动物都会拥有的本能反应，原始能力。亲情是一种本能，正由于是本能，才使得我们在危险、灾难面前那么强大，那么执着，那么坚强——那是一种不需要刻意去制造的强大执着与坚强。地震中多少父母用自己柔弱的身体挡住崩塌的房屋，从而为孩子构建安全的空间；洪水来袭的时候，多少父母用自己的身体做支架，从而托起孩子生存的一片天。我想在那个时候，没有哪个父母是在经过深思熟虑后做出的决定；在房屋猛然坍塌、洪水突然袭来的时候保护好孩子，这是他们唯一闪现的念头。

　　我们始终没有办法表达我们对亲情的种种感悟，也许，这注定是一种无法言说的情结吧。

　　爱情比之于亲情虽然多了份浪漫与传奇，但是却少了份踏实与安分。爱情的魔力在于，此刻的陌路人，在相视一笑的邂逅之后，或许就能够编织出一段倾城之恋。但是爱情也总是让人患得患失，此刻身边的恋人，可能下一刻就是陌路人了。古今中外留下的爱情故事足以让我们的眼泪流干，无论是爱恨交织还是缠绵悱恻的情节，在打动我们感性的心灵的时候从未失败，或许就是因为感性，我们都保有一份对爱情的美好向往与憧憬，使得我们从未失去对爱情的热情与迷恋吧。

　　在金钱与欲望极度膨胀的今天，越来越多的人并不相信爱情，因为在金钱的面前，爱情有时也会失去往日的光泽。尽管我们极不愿意相信，爱情的天长地久，"山无棱，天地合，乃敢与君绝"的坚贞爱情或许只能够在电视里以唯美的剧情呈现在我们面前了。但是我们也极不愿意相信爱情的不堪一击，谁说"大难来时各自飞"，只要是存在真实的感情，不可能说散就散得了的。人毕竟还是有感情的动物，在一起久了，爱情就不再仅仅是单纯的思念与被思念的关系了，而是演变成了一种息息相关的依恋关系了。

　　就像我们自己养的小宠物，一开始可能只是觉得和它在一起很开心，很自在，就不用考虑其他的外在因素，于是时间当红娘，感情自然就有了。看到它生病我们会情不自禁地心痛，会忍不住地想要问候，会为它牵肠挂肚。

我们一直在想，当爱情转变成亲情，到底是一场莫名的悲剧，还是另一种完美的结合？有的人注定不适合做恋人，但是要好的关系又不亚于恋人，于是他们或选择做蓝颜知己，或选择做兄妹。恋人到兄妹的关系转变，许多人扼腕叹息，也有很多人为他们感到高兴。或许只要选择了正确的处理方式，只要大家都能够获得幸福，也就不必太在乎是爱情还是亲情。

　　爱情与亲情的另一种转变就在于步入婚姻的殿堂，有了爱情的结晶，这个时候，双方的感情就不再是意气风发的一时冲动，而逐渐成为责任在身时的坚守。爱情在有了结晶之后双方就有了血脉相连的关系了，这是一种超爱情的力量。从此不只是需要考虑自己的感受，为了孩子他们必须无畏无惧了，又必须考虑周全，这样亲情的力量就散发出来了。但是原本属于爱情的那份悸动呢？或许恋爱的时候每一句关心与问候都是经过精心挑选与打磨的，而出门前的那一句叮咛却是出于习惯。

　　假如说婚姻是爱情的坟墓，那我们只能相信爱情之于亲情的转变是一场悲剧。但是多少完美的爱情都是在经历过重重磨难之后，就是为了到达婚姻殿堂的那一刻，交换戒指，交换誓言，唯美的场景可想而知。

　　既然亲情是没有办法动摇的，那么我就有理由相信，爱情之于亲情的转变，是一场完美的结合，让我们为天下所有在围城内外的人祝福吧，希望全天下的有情人都能够终成眷属，白头偕老。

　　亲情是血溶于水，无法选择、无法割舍的情，友情是可以选择、但是不舍得变更的情，而爱情是美好而又令人珍惜的情，它可以稍纵即逝，也能够天长地久，真正的爱情是力量最强的，它可以超越友情，也必然能够超越亲情，它既可以惊天地，也可以泣鬼神。爱情、友情、亲情，它们其实是一条线上的，友情很容易就演变为爱情，而爱情又常常会演变为亲情。这就使得这三种情贯穿了整个世界，整个人间。

　　人生在世，爱情、友情、亲情，谁能够缺此三情，缺一都将遗憾，如果三者皆缺岂一个"憾"字了得。所以，珍惜身边的友情，把握属于你的爱情，回馈血浓于水的亲情。只有珍惜此三情，你的生活才不会黯然失色，你的世界才有精彩可言。因为，唯亲情与爱不可辜负。

图书在版编目（CIP）数据

　　不慌不忙的坚强：张爱玲的女人哲学／王宇著 . --
北京：中国华侨出版社，2019.8（2020.7 重印）
　　ISBN 978-7-5113-7879-8

　　Ⅰ . ①不… Ⅱ . ①王… Ⅲ . ①女性－人生哲学－通俗
读物 Ⅳ . ① B821-49

　　中国版本图书馆 CIP 数据核字（2019）第 120717 号

不慌不忙的坚强：张爱玲的女人哲学

著　　者／王　宇
责任编辑／滕　森　邓小兰
封面设计／冬　凡
文字编辑／宋　缓
美术编辑／李丹丹
经　　销／新华书店
开　　本／880mm×1230mm　1/32　印张：6　字数：150 千字
印　　刷／三河市新新艺印刷有限公司
版　　次／2019 年 9 月第 1 版　2021 年 10 月第 4 次印刷
书　　号／ISBN 978-7-5113-7879-8
定　　价／36.00 元

中国华侨出版社　北京市朝阳区西坝河东里 77 号楼底商 5 号　邮编：100028
法律顾问：陈鹰律师事务所
发 行 部：（010）88893001　　传　　真：（010）62707370
网　　址：www.oveaschin.com　　E-m a i l：oveaschin@sina.com

如果发现印装质量问题，影响阅读，请与印刷厂联系调换。